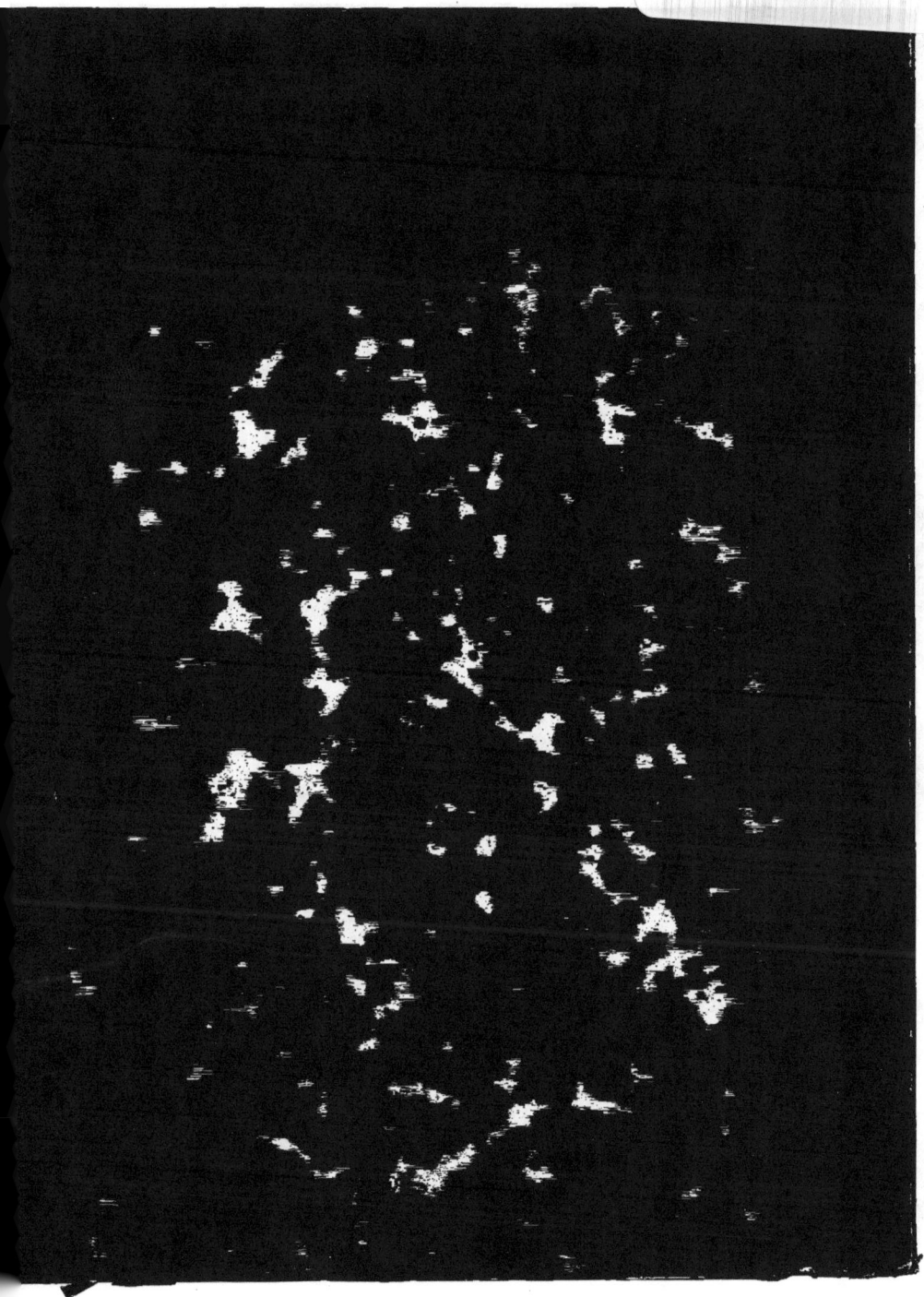

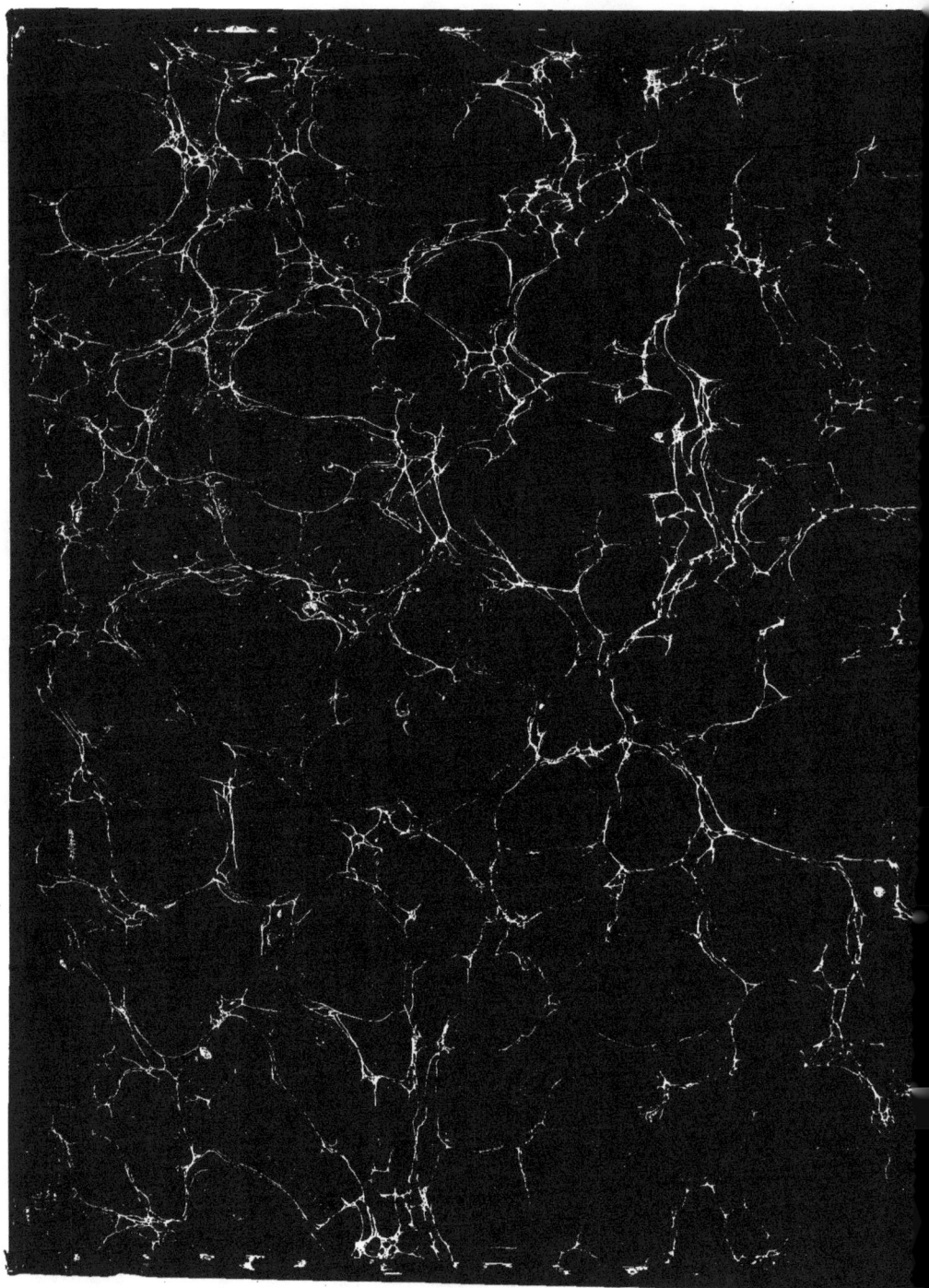

V

1592

E. I. f. 1-19.

PANORAMA

DE

L'INDUSTRIE FRANÇAISE,

PUBLIÉ

PAR UNE SOCIÉTÉ D'ARTISTES ET D'INDUSTRIELS,

SOUS LA DIRECTION DE

M. AL. LUCAS.

1re Livraison.

Reçu 33 livraisons.

PARIS,

Chez **CAILLET**, Éditeur, Galerie Vivienne, No 13.

1839.

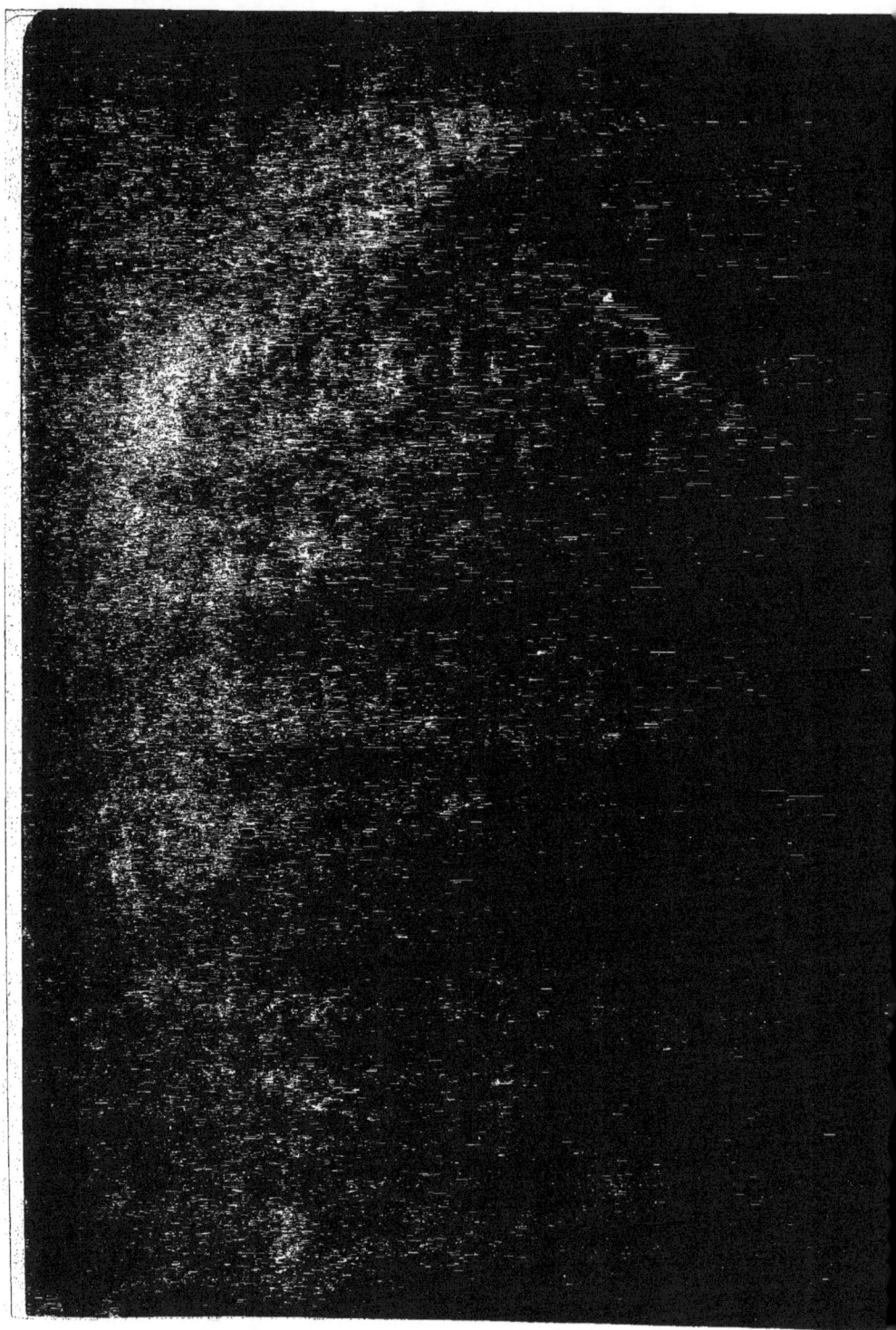

Salles construites à l'Exposition de 1839

AVERTISSEMENT DES ÉDITEURS.

Il faut avoir le courage de proclamer certaines vérités, si l'on veut que le public ajoute foi aux paroles qu'on lui adresse; ainsi donc, nous devons dire que ce n'est point seulement par philanthropie que nous publions ce livre : cependant, ce fait une fois établi, nous devons justifier de l'utilité et de l'opportunité de notre publication.

Il manquait parmi les nombreux ouvrages publiés à l'occasion de chaque exposition, un livre propre à en perpétuer le souvenir, et dans lequel le lecteur pût à toutes les époques trouver des renseignements de nature à le fixer sur l'état de notre commerce et de notre industrie.

Le public est sans contredit le seul juge compétent qui doive décider de notre mérite et de celui de nos concurrents; nous pensons cependant qu'il nous sera permis d'examiner en peu de mots celles des publications qui, depuis la mise au jour de notre prospectus, ont été offertes à MM. les exposants.

Parmi toutes ces publications, celle qui tient évidemment le premier rang, est l'ouvrage publié par une société d'anciens élèves de l'École polytechnique, sous la direction de M. de Moléon; cet ouvrage, rédigé avec soin, et qui offre au public la garantie d'une longue existence, ne doit pas être confondu avec cette foule de publications éphémères, destinées à ne pas survivre à l'événement qui leur a donné naissance. Après avoir formulé notre pensée relativement à l'œuvre de M. de Moléon et de ses collaborateurs, nous pouvons dire, parce que c'est un fait dont plus d'une fois nous avons nous-mêmes vérifié l'exactitude, que MM. les

a

exposants de 1834, tout en reconnaissant le mérite de la publication dont nous parlons, n'ont pas été très-satisfaits de recevoir quelques jours seulement avant l'exposition de 1839, le quatrième et dernier volume d'un ouvrage auquel ils avaient souscrit en 1834.

Le *Moniteur de l'Exposition,* publié par M. Roret; l'*Exposant,* publié par M. Duret et Comp.; l'*Indicateur des produits de l'industrie française,* etc., etc., ne seront, s'ils paraissent, que des livres d'annonces d'un volume plus ou moins considérable, mais nécessairement incomplet, et dont la lecture ne sera ni plus intéressante, ni plus utile que celle des feuilletons industriels de certains journaux, dont il est facile d'acheter les éloges moyennant deux francs, ou un franc cinquante centimes la ligne.

Le *Livret de l'industrie française,* qui s'est vendu vingt centimes seulement aux portes des salles consacrées à l'exposition, n'est autre chose qu'une copie inexacte du livret officiel publié par M. le ministre des travaux publics, de l'agriculture et du commerce; le *Compte rendu,* ouvrage annoncé depuis longtemps, n'a pas encore paru, et il est probable qu'il ne paraîtra pas; aussi n'est-ce que pour mémoire que nous parlons de ces deux publications.

Parmi toutes les publications auxquelles donne naissance l'exposition des produits de l'industrie française, nous devons établir la plus honorable distinction en faveur de l'ouvrage de M. le baron Charles Dupin, rapporteur général et vice-président du jury central, intitulé : *Rapport du jury central sur les produits de l'industrie française exposés en* 1834, et qui, selon toute apparence, sera publié par le même auteur à la suite de l'exposition de 1839. Ce livre est sans doute ce que l'on a fait de mieux jusqu'à l'époque où nous sommes arrivés; mais, consacré seulement aux exposants récompensés par des décorations, des médailles, des mentions honorables ou des citations favorables, il ne peut ni ne doit présenter l'ensemble complet de l'exposition : on conçoit que des récompenses ne peuvent pas être accordées à tout le monde. Que les plus dignes en reçoivent, rien de mieux; mais (nous répondons ici à ceux de MM. les industriels qui ont prétendu que l'ouvrage de M. le baron Ch. Dupin pouvait satisfaire à tous les besoins) il ne faut pas conclure que tous les industriels dont les produits sont admis à l'exposition, et qui cependant n'obtiennent pas de récompenses, soient totalement dépourvus de mérite : l'admission à l'exposition par un jury composé d'hommes dont le nom seul est une haute garantie de savoir et d'impartialité, l'admission par ce jury (qui ne se fait pas remarquer par une excessive indulgence, puisque, pour ne citer que le département de la Seine seulement, cinq cents industriels n'ont pu faire admettre leurs produits à l'exposition) nous paraît un titre suffisant pour que tous les produits, sans distinction, soient examinés avec impartialité, pour que tous les titres à la reconnaissance nationale soient consacrés.

Ainsi donc, dans notre ouvrage, un article spécial sera consacré à chaque exposant; il comportera la désignation des objets admis à l'exposition, le rappel des récompenses obtenues aux expositions précédentes, des détails sur la fabrication et le commerce de l'exposant, mais seulement lorsque ces détails pourront, sans inconvénient pour lui, être portés à la connaissance du public.

Quelquefois des notices biographiques sur des industriels célèbres, les Ternaux, les Jacquart, les Grangé, les Sébastien Erard, accompagneront nos articles : ces notices, nous aimons à le croire, ne seront pas lues sans un vif intérêt; car si l'industrie et le commerce sont les premières sources de la prospérité du pays, le récit de la vie publique des hommes que nous venons de nommer offrira des enseignements utiles, que tous ceux qui marchent sur leurs traces aimeront à méditer.

L'historique des diverses branches d'industrie, prises à leur origine et considérant l'exposition de 1839 comme la dernière expression du progrès, entrera aussi dans le cadre que nous nous sommes tracé. Cette partie de notre ouvrage ne sera ni la moins curieuse ni la moins attrayante; nos lecteurs, nous en sommes convaincus, aimeront à suivre la marche progressive de chaque industrie, et quelquefois ils seront étonnés, lorsqu'ils connaîtront la masse immense de capitaux et d'ouvriers occupés par telle ou telle branche d'industrie, qu'au premier aspect on aurait pu croire de la plus minime importance.

Des aperçus comparatifs des industries françaises et étrangères compléteront notre travail : dans ces aperçus, nous chercherons à établir que notre belle patrie ne doit plus rien maintenant envier aux étrangers, en constatant les progrès des diverses industries cultivées concurremment en France et dans les pays étrangers.

La rédaction du *Panorama de l'industrie française* est confiée à une société de savants, d'artistes et d'hommes de lettres distingués, sous la direction de M. A. Lucas. Louer le mérite des personnes auxquelles nous avons confié le succès de notre publication nous paraît peu convenable; nous croyons devoir laisser au public le soin de juger leur travail.

Si maintenant on nous demande quelle sera l'utilité de notre livre, nous pourrons facilement répondre à cette question.

Par son exécution matérielle et le soin apporté à sa rédaction, notre publication, si nos prévisions ne nous trompent pas, sera digne d'occuper une place honorable dans toutes les bibliothèques, et restera comme le monument le plus complet élevé en l'honneur de l'exposition de 1839; ainsi, à toutes les époques, les artistes, les industriels, les commerçants pourront le consulter avec fruit, y trouver l'indication des meilleurs produits et des procédés les plus récents relatifs à leur industrie; et jusqu'après la publication d'un ouvrage semblable, qui sera nécessairement publié lors de la prochaine exposition, ils seront fixés sur les derniers progrès de l'industrie nationale.

MM. les exposants de 1839 pourront, grâce à nos dessins, qui seront exécutés avec le plus grand soin, trouver la représentation exacte de tel ou tel objet qui aura valu une récompense à son auteur, lorsque déjà depuis longtemps cet objet ne sera plus en sa possession.

La liste de MM. les exposants qui auront obtenu des décorations, des médailles, des mentions honorables ou des citations favorables, une table par ordre alphabétique et une table par ordre de matières termineront notre ouvrage.

Quelques détails sur les constructions élevées dans le grand carré des Champs-Élysées, la liste de MM. les membres du jury central, et la nomenclature des départements qui ont pris part à l'Exposition, précèdent la première partie de notre ouvrage, dont les premiers chapitres sont consacrés aux laines et lainages, tissus de laines, etc., etc.

DESCRIPTION

Les constructions élevées dans le carré des fêtes, aux Champs-Élysées, présentent un parallélogramme rectangle de 185 mètres de long sur 82 mètres de large; elles occupent 15,170 mètres en superficie. En voici les dispositions générales : la façade se compose d'une galerie parallèle à la grande avenue des Champs-Élysées, longue de 187 mètres sur 13 mètres de largeur. Cinq salles sont perpendiculaires à cette galerie; elles ont chacune 69 mètres de longueur sur 26 mètres de largeur; des cours, des magasins, des bureaux destinés à l'administration, établissent, pour elle, une communication facile entre toutes ces constructions. L'entrée principale, dite *l'entrée du roi*, se trouve dans l'axe de la percée du carré des fêtes à l'avenue des Champs-Élysées. Toutes les mesures ont été prises pour prévenir l'encombrement et faciliter la circulation du public, qui verra se dérouler successivement sous ses yeux cette longue série de produits si différents de nature et d'usage.

LISTE DE MM. LES MEMBRES DU JURY CENTRAL

NOMMÉS EN VERTU DE L'ORDONNANCE DU ROI DU 27 SEPTEMBRE 1838, RELATIVE A L'EXPOSITION
DES PRODUITS DE L'INDUSTRIE.

MM.

D'ARCET, membre de l'Institut, commissaire général et directeur à la Monnaie de Paris.
BARBET, membre de la Chambre des députés et du Conseil général du commerce.
BEUDIN, membre de la Chambre des députés.
BLANQUI (Adolphe), professeur au Conservatoire des arts et manufactures, membre de l'Institut.
BRONGNIART (Alexandre), membre de l'Institut, directeur de la manufacture royale de Sèvres.
BOSQUILLON, manufacturier.
CLÉMENT-DESORMES, professeur au Conservatoire royal des arts et métiers.
CORDIER, membre de l'Institut, inspecteur général des mines.
LEGROS, négociant en draperies, membre du Conseil général de la Seine.
DELABORDE (Léon), membre du Comité des monuments historiques et des arts au ministère de l'Instruction publique.
DELAROCHE (Paul), membre de l'Institut
DUFAU, membre du Conseil général des manufactures.

DUPIN (le baron Charles), pair de France, membre de l'Institut.

FONTAINE, architecte, membre de l'Institut.

GAY-LUSSAC, pair de France, membre de l'Institut et du Comité consultatif des arts et manufactures.

GIROD DE L'AIN (Félix), membre de la Chambre des députés.

HÉRICART DE THURY (le vicomte), membre de l'Institut, inspecteur des mines.

KOECHLIN (Nicolas), membre de la Chambre des députés et du Conseil général des manufactures.

LEGENTIL, membre de la Chambre des députés et du Conseil général du commerce.

MEYNARD, membre de la Chambre des députés et du Conseil général des manufactures.

MIGNERON, inspecteur général et membre du Conseil des mines.

PAYEN, ancien manufacturier.

PETIT, ancien manufacturier de la fabrique de Lyon.

POUILLET, membre de la Chambre des députés, membre de l'Institut et professeur au Conservatoire royal des arts et métiers.

RENOUARD (Jules), libraire, juge au tribunal de commerce de la Seine.

SAINT-CRICQ, membre du Conseil général des manufactures.

SALLANDROUZE, membre du Conseil général des manufactures.

SAVART, membre de l'Institut et du Comité consultatif des arts et manufactures.

SCHLUMBERGER, secrétaire du Comité consultatif des arts et manufactures.

SÉGUIER (le baron Armand), membre de l'Institut et du Comité consultatif des arts et manufactures.

TARBÉ DE VAUXCLAIRS, pair de France, conseiller d'Etat, inspecteur général des ponts et chaussées.

THÉNARD (le baron), pair de France, membre de l'Institut et du Comité consultatif des arts et manufactures.

YVART, inspecteur général des écoles vétérinaires.

CAREZ, négociant.

CHEVREUL, membre de l'Académie des sciences.

DUMAS, membre de l'Académie des sciences.

GRIOLLET (Eugène), membre du Conseil général des manufactures.

MOUCHEL DE L'AIGLE, membre du Conseil général des manufactures.

DÉPARTEMENTS

QUI ONT PRIS PART A L'EXPOSITION.

Départements.	Nombre d'exposants.	Départements.	Nombre d'exposants.
AIN.	12	INDRE.	5
AISNE.	28	INDRE-ET-LOIRE.	13
ALLIER.	5	ISÈRE.	38
ALPES (Hautes-).	2	JURA.	2
ARDÈCHE.	9	LANDES.	1
ARDENNES.	25	LOIR-ET-CHER.	2
ARIÉGE.	3	LOIRE.	43
AUBE.	11	LOIRE (Haute-).	4
AUDE.	7	LOIRE-INFÉRIEURE.	10
AVEYRON.	8	LOIRET.	29
BOUCHES-DU-RHONE.	10	LOT-ET-GARONNE.	2
CALVADOS.	27	MAINE-ET-LOIRE.	10
CHARENTE.	17	MANCHE.	18
CHARENTE-INFÉRIEURE.	3	MARNE.	29
CORSE.	1	MARNE (Haute-).	4
COTE-D'OR.	20	MAYENNE.	2
COTES-DU-NORD.	15	MEURTHE.	21
CREUSE.	4	MEUSE.	10
DORDOGNE.	4	MORBIHAN.	2
DOUBS.	28	MOSELLE.	20
DROME.	14	NIÈVRE.	19
EURE.	26	NORD.	56
EURE-ET-LOIR.	2	OISE.	18
FINISTÈRE.	32	ORNE.	8
GARD.	58	PAS-DE-CALAIS.	11
GARONNE (Haute-).	8	PUY-DE-DOME.	21
GIRONDE.	9	PYRÉNÉES (Basses-).	4
HÉRAULT.	20	PYRÉNÉES (Hautes-).	2
ILLE-ET-VILAINE.	16	PYRÉNÉES-ORIENTALES.	13

DEPARTEMENTS QUI ONT PRIS PART A L'EXPOSITION.

Départements.	Nombre d'exposants.	Départements.	Nombre d'exposants.
RHIN (BAS-).	19	SOMME.	14
RHIN (HAUT-).	55	TARN.	16
RHONE.	73	TARN-ET-GARONNE.	4
SAONE (HAUTE-).	4	VAR.	2
SAONE-ET-LOIRE.	8	VAUCLUSE.	1
SARTHE.	16	VENDÉE.	10
SEINE.	2,047	VIENNE.	7
SEINE-INFÉRIEURE.	96	VIENNE (HAUTE-).	22
SEINE-ET-MARNE.	39	VOSGES.	30
SEINE-ET-OISE.	32	YONNE.	3
SÈVRES (DEUX-).	5		

PANORAMA

DE

L'INDUSTRIE FRANÇAISE.

CHAPITRE PREMIER.

LAINES ET LAINAGES.

—⊰●⊱—

SECTION PREMIÈRE.

L'époque à laquelle la laine commença à être employée pour la confection d'étoffes propres à l'habillement, ne peut être déterminée ; on pense seulement que l'idée si simple du feutrage, a dû précéder l'idée beaucoup plus compliquée de la filature et du tissage.

On doit penser, si l'on considère le climat des pays orientaux, climat propre à la multiplication et au développement des bêtes à laine, et l'état de la civilisation beaucoup plus avancée dans ces pays à une époque reculée, que dans les contrées de l'Occident, que c'est dans l'Orient, que l'industrie du filage et du tissage des laines prit naissance. Lorsque déjà les tissus de laine pourpre fabriqués à Carthage et dans quelques autres villes riches et industrieuses de l'Asie et du littoral de l'Afrique, étaient célèbres, les peuples du nord, moins favorisés, devaient se contenter, pour se vêtir, de la peau des bêtes fauves qu'ils tuaient à la chasse.

A travers les ténèbres des premiers siècles du moyen âge, les Anglais apparaissent les premiers comme possesseurs de troupeaux nombreux, et de bonne heure l'industrie des éleveurs de bêtes à laine est placée chez eux sous la protection d'édits et de réglemens spéciaux propres à favoriser ses développemens et son amélioration. Edgard, roi d'Angleterre,

rend un édit par lequel tous ceux qui avaient commis un crime, de quelque nature qu'il fût, pouvaient se racheter en fournissant un certain nombre de têtes de loups, l'Angleterre, à cette époque, étant infestée par ces animaux.

Depuis long-temps on s'est occupé en Espagne d'élever des troupeaux dont la laine a toujours joui d'une grande réputation. On rapporte que Columelle (1) voyant débarquer à Cadix de très-beaux béliers africains amenés pour le spectacle, en acheta secrètement plusieurs qu'il fit servir dans ses troupeaux: les archives de ce pays sont pleines de réglemens sur l'éducation des bêtes à laines. Ce furent les rois d'Espagne qui fondèrent et soutinrent la fameuse confrérie de la *Mesta*, dont les immunités et les priviléges furent si désastreux pour le pays; mais le gouvernement, comptant sur la supériorité de ses produits, et convaincu que les autres contrées de l'Europe ne pourraient jamais rivaliser avec lui, s'avisa de grever les droits de sortie d'une prime énorme qui mettait les laines espagnoles à un prix qu'il était difficile d'atteindre; cette mesure impolitique dut restreindre la consommation, auparavant très-considérable, et fut une des causes principales de la ruine de la Péninsule ibérique, ruine que ne purent conjurer la découverte de l'Amérique ni les monceaux d'or qui y furent recueillis.

L'Angleterre, qui se borna long-temps aussi à produire des laines qu'elle vendait à l'étranger, n'imita pas les fautes de l'Espagne; aussi l'industrie des éleveurs de troupeaux fut-elle toujours chez elle dans un état assez satisfaisant. Au XIe siècle, Édouard III envoyait en France les comtes de Northampton et de Suffolk pour y vendre dix mille sacs de laines, dont ils retirèrent, suivant Rimer, 400,000 st. liv. A cette époque, les Hollandais et les Flamands étaient les seuls qui fabriquassent les étoffes de laine dont l'usage commençait à devenir général. Ce ne fut que sous le règne de Henri VIII que les Anglais, encouragés par les édits de leur souverain, qui ayant été frappé pendant son exil en Flandre des richesses que les manufactures d'étoffes de laine répandaient dans ce pays, voulut en doter l'Angleterre lorsqu'il y fut de retour, commencèrent à ouvrer les laines, qu'auparavant ils vendaient à ces étrangers. Élisabeth voulut continuer ce que Henri VIII avait commencé; mais les mesures qu'elle prit à cet effet, mesures dictées par un esprit de protection peu éclairé, nuisirent plus qu'elles ne servirent aux progrès de la nouvelle industrie, qui, durant plusieurs années, resta stationnaire, et ne prit un nouvel essor que sous le protectorat d'Olivier Cromwell. La restauration des Stuarts amena la restauration des priviléges et la décadence de l'industrie; celle des laines eut le sort de toutes les autres, malgré ce que put faire, pour la protéger, le roi Charles II, qui, par son acte Trente, ordonna que tous les habitans de ses États qui viendraient à décéder fussent ensevelis dans un linceul de laine.

Il faut remonter jusqu'au règne de Henri IV pour trouver dans nos archives quelques faits relatifs à l'industrie des laines et des lainages. Sully, partisan exclusif du système

(1) Lucius-Junius Moderatus Columelle, le plus savant agronome de l'antiquité, naquit à Cadix et vécut sous le règne de l'empereur Claude. Il a composé ses ouvrages à Rome, vers l'an 42 de notre ère; le principal ouvrage de Columelle, est intitulé : *De re rustica*, il est divisé en douze livres, dont le sixième est en vers; c'est un poème sur la culture des jardins dans lequel toutes les parties de l'agriculture et de l'économie rurale sont présentées d'une manière agréable.

agricole, dans le but d'encourager les efforts des éleveurs de troupeaux, protège les manufactures de draps, qui, à cette époque commencent à s'établir en France; Louis XIV fait venir en France le Flamand Josse Van Rebais, auquel il prodigue les dons royaux, les immunités, les priviléges de toute espèce, jusqu'à faire défense à toute personne qui voudrait établir en France une fabrique de drap, de s'établir, dans un rayon de dix lieues, aux environs d'Abbeville, ville choisie par le célèbre Flamand pour y établir sa manufacture. Ce privilége accordé à Josse Van Rebais, et qui devait retourner à ses successeurs, ne fut révoqué qu'en 1766, après avoir duré près d'un siècle, et sur la demande des officiers municipaux d'Abbeville, qui supplièrent le roi de les délivrer du joug qui pesait sur eux. Josse Van Rebais fit faire à la fabrication des draps de luxe de notables progrès; mais bientôt les produits fabriqués par le Flamand Josse Van Rebais furent complètement effacés par ceux qui sortirent de la manufacture d'un citoyen français, Nicolas Cadeau, qui, long-temps avant l'arrivée en France de Josse Van Rebais, seulement avec ses ressources personnelles, sans demander ni immunités ni priviléges, avait établi à Sédan une fabrique de draps qui commença la réputation de Sédan, réputation qui de nos jours se soutient encore.

On voit, par ce qui précède, que les premiers draps fabriqués en France furent des draps fins destinés seulement aux classes riches de la société, et cela ne doit pas étonner. Avant que l'homme du peuple, membre dédaigné du corps social, eût conquis la place qui appartient à tous ceux qui demandent à l'emploi de leurs facultés intellectuelles ou physiques une existence, sinon complètement heureuse, au moins supportable, personne ne s'occupait des besoins du peuple; ce n'est que plus tard, lorsque le progrès des lumières et de la civilisation eut amélioré l'état des classes populaires, que l'on vit sortir de nos manufactures des draps moins luxueux que ceux primitivement fabriqués, mais cependant de bonne qualité et d'un prix qui en permettait l'acquisition aux plus modestes fortunes. Nous aurons à signaler dans le cours de cet ouvrage ceux de nos fabricans qui, à l'époque à laquelle nous sommes arrivés, se sont faits remarquer par la bonne qualité de leurs produits et la modicité de leurs prix.

L'introduction en France, en 1785, sous le ministère de Turgot, des moutons mérinos venus de l'Espagne, fut une nouvelle source de progrès pour l'industrie des laines. Pour obtenir de l'Espagne ces moutons mérinos, Louis XVI fut obligé de s'adresser directement au roi d'Espagne : car on savait en France que l'administration espagnole aurait refusé cette demande, si elle lui avait été faite directement. La lettre de Louis XVI obtint tout le succès désirable : un troupeau entier de moutons mérinos fut envoyé en France et parqué à Rambouillet. On possédait avant cette époque quelques sujets de cette espèce, que l'on avait parqués à Monbard; mais ils n'avaient pu servir à rien, vu les nombreuses difficultés que l'on éprouvait pour remplacer ceux des individus que l'on venait à perdre. Le troupeau-modèle de Rambouillet fut bientôt augmenté d'un second troupeau, que la Convention nationale exigea de l'Espagne, lors de la conclusion du congrès de Bâle. Les sujets du troupeau de Rambouillet, livrés avec une louable libéralité aux éleveurs de troupeaux, et habilement croisés avec des naturels du pays, augmentèrent singulièrement la qualité des toisons de nos bêtes à laine, et les expositions successives de 1819, 1823, 1827 et 1834, offrirent aux regards des échantillons qui ne laissèrent rien, ou presque rien à désirer.

D'après MM. Girod (de l'Ain), Perrault de Jotemps et Fabri , la production des laines en France est maintenant

En laines mérinos. . . . . . .   1,400,000 kil.
—   métisses.   6,500,000
—   communes   38,500,000
Total. . . . 46,400,000 kil.

M. de Gasparin évalue la consommation de chaque individu à une demi-aune de draps, soit 43,500,000 kil. de laine ; M. Girod (de l'Ain) la fait monter à 51,500,000 kil. ; l'exportation est, année moyenne, de 760 à 800,000 kil. ; l'importation de 9,400,000 kil. , dont 2,150,000 kil. en laines fines.

SECTION II.

PERRAULT DE JOTEMPS (vicomte), à Naz (Ain), à Paris, 50, rue de Paradis-Poissonnière.—Médaille d'or en 1823 et 1827, hors de concours en 1834.—Toisons de mérinos.— La production des laines françaises n'a pas été, on doit en convenir, représentée à l'Exposition comme elle devait l'être ; cependant, à voir les divers échantillons des toisons qui ont été envoyés par nos éleveurs de troupeaux, il est impossible de ne pas reconnaître un progrès évident. Les produits de ce genre qui doivent être placés au premier rang sont sans contredit ceux du troupeau de Naz. .

Cet établissement a puissamment contribué à l'amélioration de nos diverses espèces de laines, aux quatre Expositions de 1819, 1823, 1829 et 1834 ; il a exhibé des laines de beaucoup supérieures à celles d'Espagne, et au moins égales aux plus belles laines électorales de Saxe. Maintenant les Ségovie ne servent plus que pour les draps de seconde qualité ; les Saxe sont employés concurremment avec les laines de Naz et du Calvados.

MM. le vicomte Perrault de Jotemps et Girod (de l'Ain), directeurs et fondateurs de l'association de Naz, ont obtenu la médaille d'or en 1823 et 1827 ; en 1834 ils étaient hors de concours. Ces honorables distinctions étaient dues à une association qui, par la perfection toujours croissante de ses produits, s'est placée hors de comparaison avec ses concurrens.

MM. le vicomte Perrault de Jotemps, Girod (de l'Ain) et Fabri sont les auteurs d'un traité très-estimé sur la laine et les moutons. Ce livre, résultat d'une expérience acquise après de longs et assidus travaux , donne une analyse complète des propriétés de la laine, des rapports entre ces propriétés et l'organisation de l'animal qui la produit , des circonstances de sa vie ou de sa diététique, etc., etc. Vient après, l'examen des travaux qu'exigent les toisons , la tonte , le lavage , le dégraissage , l'assortissage , le triage et la vente. Cet ouvrage, qui occupe une place distinguée dans toutes les bibliothèques, et qui est écrit avec un soin et une lucidité qu'il est fâcheux de ne pas toujours rencontrer dans les ouvrages de ce genre, a été traduit sept fois en cinq langues différentes. Il a fait apprécier aux éleveurs l'avantage de perfectionner la toison dans toutes ses parties, afin d'obtenir, lors du triage, la plus forte proportion possible de laine de première qualité, la nécessité de tenir un compte ouvert par chaque animal, afin de pouvoir facilement reconnaître celui qui cause de la perte et celui qui donne du bénéfice, etc.

La publication du livre dont nous venons de parler est le moindre des services rendus par MM. le vicomte Perrault de Jotemps, Girod (de l'Ain) et Fabri au commerce et à l'industrie du pays. Ils se sont toujours montré prêts à éclairer de leurs conseils et de leur expérience tous ceux qui ont voulu marcher sur leurs traces.

Le troupeau de Naz compte aujourd'hui plus de quarante ans d'existence ; toujours reproduit par lui-même, il possède cette ancienneté, cette constance, si précieuses aux yeux des éleveurs les plus distingués. Il a fourni des colonies au Wurtemberg, à l'Autriche, à la Suède, à la Crimée, et jusqu'aux possessions anglaises de la Nouvelle-Galles.

Le troupeau de Naz est composé de plus de deux mille six cents têtes ; ses laines égalent en finesse les plus belles laines de la Saxe, et l'emportent sur celles-ci par le nerf et la force. Les colonies de ce troupeau sont maintenant répandues dans beaucoup de départemens ; elles peuvent fournir plus de mille béliers à la reproduction, ce qui est plus que suffisant pour féconder plus de cent mille brebis. Il ne manque donc plus à la France, pour que la reproduction sur son sol de l'espèce la plus perfectionnée soit aussi complète que possible, que les efforts intelligens et les sacrifices judicieux des propriétaires agricoles.

Maintenant que pourrions-nous dire à la louange de MM. le vicomte Perrault de Jotemps, Girod (de l'Ain) et Fabri, si ce n'est que le troupeau de Naz est le type de la race perfectionnée en France ?

HÉRACLE DE POLIGNAC (comte), à Outrelaise (Calvados). — Médaille d'or en 1823, rappelée en 1827 et 1834. — Laines provenant de pure race de mérinos, toisons de béliers et de brebis. — La fameuse *pile* du comte Héracle de Polignac ne s'améliore point, nous croyons même qu'elle est fort au-dessous de ce qu'elle était en 1834, bien qu'alors on n'eut pas encore pensé à la mettre sous verre, comme aujourd'hui. S'il y a eu cette année rappel de médaille d'or çà a été affaire de politesse et d'égards pour le mérite qu'eut M. le comte, d'introduire les belles laines en France, dans une localité fort ignorante en fait de troupeaux.

M. de Polignac est un grand ami du système ultra-protecteur. C'est à son influence qu'on dut l'établissement du droit protecteur de 33 pour 100, avec un minimum de valeur d'un franc ; plus, les gentillesses et agrémens de la préemption. Ce beau droit, qui désola nos fabricans de lainages, qui n'enrichit guère les consommateurs, on peut le supposer ; qui équivalut, pour les petites laines du nord de l'Allemagne, à une taxe de 50 pour 100, a-t-il du moins fait la fortune des producteurs français ? Vraiment non ! Les plus énergiques partisans de la protection avouent maintenant de fort bonne grâce que le prix des laines françaises fut en baisse sous l'influence des taxes douanières les plus élevées, et qu'il s'est élevé après l'abaissement des droits. Ce n'est pas la première fois que pareil phénomène économique a été observé, ce ne sera pas la dernière.

GANNERON Fils, à Bussy-Saint-Georges, près Lagny (Seine-et-Marne). — Médaillé d'argent en 1827, rappelée en 1834.—Laines. — M. Ganneron fils expose, pour la troisième fois, les toisons du troupeau qu'il a créé par des extractions des bergeries de la Malmaison, de Perpignan, de Rambouillet et d'Arles. Le troupeau de M. Ganneron fils compte aujourd'hui plus de mille cinq cent soixante-quinze animaux élevés avec un soin parfait dans des bergeries construites avec art.

DUPREUIL, à Pouy (Aube). — Médaille d'argent en 1834, médaille d'or en 1839. — Échantillons de laine lavée provenant de ses troupeaux. — Le troupeau de M. Dupreuil, qui compte maintenant plus de trente-cinq ans d'existence, est composé d'environ trois mille cinq cents bêtes; il n'est pas seulement à remarquer comme un des plus nombreux que la France possède.

M. Dupreuil, qui joint aux qualités nécessaires à un propriétaire agricole l'esprit éclairé d'un excellent administrateur, s'occupe depuis plus de dix ans de l'amélioration du troupeau de Pouy, qui est appelé, si nos prévisions ne nous trompent pas, à de brillantes destinées. M. Dupreuil a successivement tiré ses béliers améliorateurs de la bergerie royale de Rambouillet, de la bergerie saxonne importée en France par le célèbre Ternaux, et de la bergerie de Naz. Les soins assidus de cet habile éleveur ont été couronnés du plus heureux succès, et maintenant il fournit au commerce une quantité considérable de belles laines.

M. Dupreuil a fait construire à Pouy d'immenses bergeries; ces bergeries, aussi belles, aussi saines que celles de M. Ganneron à Bussy-Saint-Georges, sont devenues un établissement modèle, qui fournit aux propriétaires du département de l'Aube des exemples bons à imiter et des étalons d'une race perfectionnée.

Ces divers titres ont valu, en 1834, une médaille d'argent à M. Dupreuil qui, à cette époque, exposait pour la première fois. Les produits envoyés par lui, cette année, à l'exposition, constatent de nouveaux progrès et des améliorations nouvelles.

MAITRE (Joseph), à Villotte (Côte-d'Or). — Médaille d'argent en 1834. — Plusieurs toisons de brebis.—M. GODIN Aîné, à Châtillon (Côte-d'Or).—Médaille d'argent en 1834. — Plusieurs toisons de brebis. — Dans l'origine, les troupeaux de Villotte et de Châtillon n'en formaient qu'un seul, qui fut formé d'un nombre considérable de béliers et de brebis amenés de Saxe en France par MM. Maître et Godin, qui s'étaient associés afin d'opérer cette importante introduction. Maintenant ces deux agronomes ont séparé leurs intérêts et divisé leur troupeau : Celui de M. Maître s'élève à mille cinq cents bêtes, celui de M. Godin à cinq cent cinquante seulement.

Quoique la France possédât déjà, lors de l'introduction du troupeau de MM. Maître et Godin, des races au moins égales à celle de la race saxonne si fameuse depuis long-temps, une importation considérable de cette dernière espèce était cependant un service des plus importans rendu à l'agriculture et à l'industrie françaises. Des comparaisons fructueuses sont toujours le résultat de l'éducation des variétés précieuses d'animaux ; elles donnent naissance à de nouvelles idées et dissipent souvent des préjugés pernicieux. MM. Maître et Godin ont su profiter de l'expérience qu'ils avaient acquise : ils ont croisé la race saxonne avec la plus belle race espagnole-léonaise, et les toisons qu'ils ont obtenues des métis sont véritablement magnifiques.

Jusqu'à ce jour, MM. Durbach (de Tarbes) et Ternaux sont, avec MM. Maître et Godin, les seuls qui aient introduit en France des sujets de la belle race électorale de Saxe. Il est à désirer qu'un si bon exemple soit imité ; mais il faudrait, pour qu'il produisît les heureux résultats que l'on doit en attendre, que le choix des animaux fût fait avec une habileté minutieuse et sévère, et que la constance des types fut authentiquement constatée.

Les toisons exposées par MM. Maître et Godin sont remarquables par leur douceur et leur extrême finesse, et les produits de leurs troupeaux sont très-recherchés dans le commerce.

MONNOT LE ROY, à Pontru (Aisne).—Médaille d'argent en 1834.—Toisons remarquables provenant d'un troupeau qui compte maintenant quinze ans d'existence et plus de cinq cents bêtes croisées avec des béliers de Naz. — Les toisons exposées par M. Monnot Le Roy, bien supérieures à celles qu'il avait exposées en 1834, attestent les progrès qu'il a faits depuis cette époque, et justifient l'estime dont ses produits jouissent dans le commerce.

MASSIN, chef d'Institution à Paris, rue des Minimes, et à Vaudepont (Aube).—Médaille d'argent en 1834.—Laines provenant de ses troupeaux.—M. Massin exposait, en 1834, de fort belles toisons qui provenaient du croisement de ses brebis avec les béliers de Naz ; il apportait des soins vigilans et éclairés à l'éducation de ses animaux et à la tenue de sa bergerie. Il faut croire maintenant, après avoir examiné avec la plus sérieuse attention les produits exposés cette année par M. Massin, que, depuis quelque temps, les nombreuses occupations du chef d'institution de Paris n'ont pas laissé à l'éleveur de troupeaux du département de l'Aube, assez de loisir pour qu'il pût s'occuper consciencieusement de ses bergeries. Ses toisons, quoique d'une qualité passable, sont jaunes et chargées de suint. En un mot, M. Massin n'est pas en voie de progrès.

BAZYLE (Pierre), à Châtillon (Côte-d'Or), a exposé toute une macédoine de toisons dures et maigres, il est vrai que son troupeau s'élève à trois mille quatre cents bêtes; nous avons cependant découvert dans sa boîte une belle toison issue de brebis Rambouillet et de bélier électoral. Cette laine est bien tassée, elle rappelle parfaitement son origine masculine pour la douceur et la souplesse ; on ferait avec cela du drap superbe.

GRAUX à Juvincourt-Mauchamp (Aisne). — Mention honorable en 1834. — La seule laine longue exposée est celle de M. Graux ; elle est extrêmement soyeuse, fine et lustrée ; l'honorable producteur la nomme *laine-soie*. C'est un type dû au hasard, que M. Graux a recueilli et cultivé avec une rare persévérance, et qu'il espère conserver dans sa pureté originelle. M. Graux est un homme habile, ce qui ne gâte jamais rien, il a fait employer sa laine, pour qu'on la jugeât à l'emploi : plusieurs de ses concurrens eussent bien fait d'imiter cet exemple fort concluant en effet. M. Graux a d'abord fait tisser un châle par M. Bournhonet, et ce châle qui, du reste, n'a rien de fort remarquable comme châle, est assez bien comme broché. Un satin de laine fort joli, et une sorte de tissu mérinos qui joue le cachemire vert, prouvent que la laine-soie bien travaillée, si d'ailleurs le type se conserve et s'étend, sera très-précieuse pour les tissus ras. M. Graux a déjà reçu bon nombre de médailles dans les comices agricoles, où son nom a souvent frappé nos oreilles. Il faut ajouter que M. Graux avait emprisonné, dans la cour des machines, quatre de ces pauvres bêtes fort tristes, fort étonnées de se trouver là.

AUBERGÉ Aîné ; à Malassise (Seine-et-Marne). — Les toisons de M. Aubergé aîné sont en grande faveur auprès des fabricans de Louviers et d'Elbeuf; ils leur décernent une médaille d'or à l'unanimité : c'est le plus beau type de la Brie. La finesse extrême n'a pas été cherchée, mais cela est tassé, fourni, moelleux, fort, résistant, élastique. Voilà bien les laines de qualité intermédiaire qu'il nous faut maintenant ; voilà des laines pour faire de bon drap à 30 fr. l'aune. Le troupeau de M. Aubergé aîné doit être parfaitement tenu et soigné, si l'on en juge par la propreté de ses toisons.

CAILLE, à Lieusaint (Seine-et-Marne). — Médaille de bronze en 1834. — Échantillons de laine. — On a remarqué la douceur et la ténacité des toisons exposées par M. Caille ; quelques-unes pourraient très-bien convenir au peignage ; mais pour cet emploi elles nous paraissent inférieures à celles du troupeau de M. Desoffy, excellentes champenoises, dont la finesse n'est pas distinguée, mais qui sont fortes et bien prises. M. Ponsart (de Châlons-sur-Marne), a aussi exposé de belles laines très-fines, propres au peignage et à la fabrication des châles. — BEAUVAIS et GARNOT, à Gastins (Seine-et-Marne). — De beaux échantillons de laine mérinos avec une partie de laine d'une riche qualité. — Les laines cauchoises dégénèrent quant à la finesse, et M. Houdeville, des environs de Dieppe, combat de toutes ses forces pour garder la finesse ; il y réussit. M. Daublaine (de Châlons), a des laines fines et soyeuses, qui pèchent un peu par la ténacité.

SECTION III.

FILAGE DE LA LAINE.

Les travaux de l'industrie manufacturière , appliqués au filage de la laine, offrent deux arts bien distincts par leurs procédés et par les difficultés qu'ils ont à vaincre.

L'objet du premier est de filer la laine qui doit être cardée , pour fabriquer des étoffes garnies, et fortifiées ensuite par le feutrage.

L'objet du second est de filer une laine qui doit être peignée, pour fabriquer des tissus ras, où la chaîne et la trame conserveront leur apparence.

Le filage des laines cardées, qui sont les laines ondées ou crépues, était beaucoup plus facile à pratiquer par des procédés mécaniques ; c'est aussi le premier que Douglas et Cockerill aient introduit avec succès en 1803, dans les ateliers français et belges, par des moyens qui présentent beaucoup d'analogie avec le filage du coton.

Le filage des laines peignées réclamait des procédés entièrement nouveaux.

Lors de l'exposition de 1819, le jury central s'exprimait ainsi, page 6 du rapport général: « Il est exact de dire qu'on ne connaît *quant à présent,* d'une manière certaine, aucune » machine qui ait exécuté le peignage en grand. La laine peignée est remise à des fileuses » au rouet, qui la convertissent en fil. »

Cependant, dès 1811, M. Dobo mettait en activité, dans la fabrique de M. Ternaux, à Bazancourt, la machine à filer la laine peignée qui a remporté le prix de la Société d'Encouragement en 1815, et la médaille d'argent en 1819.

De 1819 à 1823, cet art fit des progrès sensibles. Des médailles d'or furent obtenues par MM. Dautremont et Doyen, qui présentaient déjà le n° 60 pour la chaîne, et le n° 100 pour la trame, dans leur grande filature de Villepreux (Seine-et-Oise); par MM. Lemoine-Desmares, à Sédan, et Poupard de Neuflize, à Mouzon, Angecourt et Neuflize, département des Ardennes.

En 1827 , les établissemens de M. Poupard de Neuflize offraient 9,000 broches pouvant filer par jour 145 kilogrammes de laine peignée ; ces fils, formés de laine mérinos, étaient pour le jury central un objet d'admiration.

Il est en effet incomparablement plus difficile de filer le mérinos peigné que la laine longue et lisse, telle que la fournissent les beaux troupeaux d'Angleterre; mais, comme on

l'a vu dans la section précédente, le nombre des animaux à longue laine, lisse et lustrée, est encore chez nous extrêmement inférieur aux besoins de notre agriculture.

Voilà ce qui contraint notre industrie à peigner la laine mérinos, pour nos étoffes rases, telles que les tissus appelés spécialement *mérinos,* les serges, etc.

C'est surtout de 1827 jusqu'à 1834 que les filateurs français ont obtenu des résultats remarquables, avec les laines peignées. Ces résultats assurent la supériorité de nos tissus ras sur les tissus étrangers de même espèce. Nous rendrons sensible ce progrès en comparant l'exportation de nos tissus de laine, pour 1834 et 1837.

TISSUS DE LAINE CARDÉE.

	1834.	1837.
Couvertures.	640,920	1,459,360
Draps.	14,584,158	18,382,788
Bonneterie.	1,398,124	1,792,206
	16,623,202	21,634,354

TISSUS DE LAINE RASE.

Casimirs de laine, tissus mérinos.	2,363,818	7,405,743

Pour une foule d'étoffes nouvelles on a mis en usage la laine peignée. Il faut citer au premier rang nos tissus mérinos, dont la supériorité sur les mérinos anglais est aujourd'hui bien constatée.

Aussi maintenant sur 157,569 kilogrammes de tissus mérinos exportés, la seule Angleterre en absorbe 52,743, qui se vendent avantageusement sur ses marchés (Tableau général du commerce de la France avec les puissances étrangères, pour 1832).

C'est avec les fils de laine peignée que nous fabriquons les cachemiriennes, les bombasines, les alépines, etc. ; c'est encore à la laine peignée que nous devons les tissus appelés *thibet,* qui remplacent avec une extrême économie les fils de cachemire dans la fabrication des châles.

Pour exprimer en termes positifs les progrès du filage des laines peignées, nous dirons qu'en 1827, le n° 80 paraissait le plus haut degré de finesse auquel on pût atteindre, et qu'à l'exposition de 1834, l'industrie s'est élevée jusqu'aux n°ˢ 110 et 120, obtenus sans beaucoup de difficultés. Une plus longue expérience, une aptitude plus exercées, ont permis aux ouvriers de produire davantage dans un temps donné ; il en est résulté depuis cinq ans une baisse graduelle dans le prix de la main-d'œuvre ; on porte jusqu'à trente pour cent cette baisse, et cependant la journée du fileur s'élève encore suivant son habileté, depuis trois francs jusqu'à dix francs ! . . .

GRIOLLET (Eugène), à Paris, 11, rue Albouy. — Médaille d'argent en 1827, médaille d'or en 1834. — Laines peignées, filées et cardées. — M. Eugène Griollet, filateur de laine, a exposé un certain nombre de fuseaux avec leur laine filée à divers degrés de finesse. Ce n'était pas le mérite de ces filés que le public pouvait apprécier, car ils étaient sous verre ; on ne faisait que remarquer la ténuité des fils, et l'on ne pouvait s'en rapporter, pour le reste, qu'à la renommée de l'habile fabricant.

Mais, au-dessous et en dehors de cette cage vitrée, le fabricant avait abandonné, à qui voulait la voir et la toucher, une belle couverture de laine grise, longueur de deux mètres trente centimètres, et largeur d'un mètre et demi, poids trois kilogrammes ; il en indiquait le prix. 15 fr. ! et afin qu'on ne supposat pas que c'était là un prix arrangé pour la circonstance, car tout le monde n'est pas obligé de savoir que M. Griollet n'a plus rien à demander aux distributeurs de médailles, qu'il est hors de concours, comme membre du jury central des récompenses, et qu'il est entré récemment dans le conseil général des manufactures ; il ajoutait ces mots, que nous aurions voulu pouvoir lire au-dessous des plus somptueuses comme des plus modestes fantaisies de l'exposition : *S'adresser pour une ou plusieurs couvertures, rue... numéro...* Ainsi l'ouvrier de Paris était averti, dès le premier jour de l'exposition, qu'il avait deux mois pour économiser 15 fr. et s'approvisionner d'une chaude couverture d'hiver.

La case de M. Eugène Griollet était fort modeste, et cependant bien intéressante. Il exposait les numéros courans de sa fabrique, sans aucun tour de force ; en général les tours de force ne se font guère que dans le noviciat industriel ; M. Griollet montre un progrès fort important obtenu depuis 1834, c'est l'emploi du renvideur mécanique qui épargne une portion notable de main-d'œuvre, donne les bobines de grosseur voulue pour être placées dans la navette sans autre préparation, et qui dirige si bien le fil sur ces bobines, qu'on peut les plier en tous sens sans les tordre, sans en détériorer l'économie, ce qu'il ne faudrait pas se hasarder à faire pour la bobine ordinaire, qui veut être touchée avec précaution.

20,000 broches sont en activité chez M. Griollet.

M. BILLIET, à Paris, 19, rue du Sentier ; à Saint-Quentin, 2, Place Saint-André. — L'exposition de cette année nous paraît devoir constater un progrès dans l'industrie des laines. Celles-ci y figuraient en grand nombre ; nous devons notamment signaler celles de M. Billiet pour leur belle confection. Ce fabricant a exposé des trames et 1/2 chaînes pour trame dévidée en laine peignée, depuis le n° 30 jusqu'au n° 90 ; un assortiment complet de chaînes simples et retorses ou doublées en laine peignée, depuis le n° 25 jusqu'au n° 50.

Ses produits sont confectionnés de manière à rivaliser avec ceux des meilleurs établissemens en ce genre.

M. Billiet a fondé à Réthel, dans les Ardennes, à Wignehies (Nord), des filatures consacrées à la fabrication des laines, châles, mérinos, alépine, bombasine, et autres articles de nouveautés.

VALÈS (Léon) et BOUCHARD, à Ronquerolles, commune d'Aguets (Oise), à Paris, 38, faubourg Poissonnière. — Laines filées pour broderie, pour bonneterie, pour gants, etc., etc. — MM. Léon Valès et Bouchard ont exposé un tableau composé d'écheveaux de fils de laine peignée, représentant les nombreux usages auxquels peut être employée cette matière.

La plupart des filateurs de laines se sont adonnés exclusivement à un genre spécial, MM. Léon Valès et Bouchard les embrassent tous; leurs confrères ont exposé des échantillons de laine filée d'un grand mérite et remarquables par les hauts numéros qu'ils ont obtenus. Eux, au contraire se sont bornés ; aux numéros 35 et 40 en chaîne, et 40 et 60 en trame, qui sont d'un usage journalier ; ils ont négligé des tours de force, résultats obtenus à grand soin, à grand prix et presque toujours sans utilité.

Nous avons remarqué avec intérêt leurs échantillons de laines filées destinées aux broderies sur canevas ; ces laines sont d'une régularité et d'une élasticité qui doivent infailliblement donner aux ouvrages confectionnés avec elles un velouté riche et bien nourri.

Leurs laines à broder au crochet, déjà employées sur les gazes légères, sont de nature à favoriser l'essor de ce nouveau genre d'industrie.

Enfin nous signalerons leurs laines à tricotter qui ne laissent rien à desirer et qui sont d'un prix qui en permet l'emploi aux classes les moins aisées.

AUBANEL DELPON (Achille), à Sommières et à Crespian (Gard). — Échantillons de laine peignée. — Les laines peignées, exposées par M. Achille Aubanel Delpon, ont particulièrement attiré l'attention publique ; la maison Aubanel Delpon peut, sans contredit, être placée aux premiers rangs ; elle occupe cinq à six cents ouvriers ; elle emploie au moins les deux tiers des laines des départemens du Gard, de l'Hérault et de l'Ardèche ; elle a porté, presque à la perfection, l'industrie des laines peignées; son commerce des laines en rames, pour la draperie, a pris un essor des plus grands ; elle envoie ses produits sur tous les points du royaume, et alimente une partie des fabriques de draps pour l'habillement des troupes. On peut dire, aujourd'hui, que le Midi dispute au Nord de la France la palme du peignage des laines, et qu'il a même acquis une certaine supériorité pour les laines communes et intermédiaires.

HANNOSSET et Cⁱᵉ, à Reims (Marne). — Laines peignées et cardées, nᵒˢ 1, 3 et 4 triples, n° 5 double, n° 2, 6, 7 et 8 simples, très-beaux échantillons.—M. Hannosset a exposé les numéros les plus fins comme objets de curiosité, car l'emploi doit être peu de chose encore ; mais nous aimons les tours de force en industrie ; ils prouvent toute sa puissance, et sont l'expression du génie progressif. En filature surtout, ce qui est d'une fabrication générale et commune, maintenant, a dû paraître tour de force à une époque antérieure. Toutefois, en laine cardée, et pour aujourd'hui, la filature ne doit point dépasser le n° 80, ce serait sans profit pour elle. C'est M. Hannosset qui a filé la laine-soie de M. Graux, en n° 143, qui, à Reims, équivaut au n° 192 usité à Paris. Le même industriel, dont l'habileté est reconnue, a aussi exposé des fils de soie recouverts de laine ; nous croyons que cet article s'utilise dans la fabrique des châles, et, si nous ne nous trompons, on le retrouvait dans la case d'un filateur de cachemire. M. Hannosset, file aussi le poil de chien ; la race canine lui aura des obligations, tout comme l'innocente famille des lapins doit être remplie de toutes sortes de bons sentimens pour un tisseur de Louviers, lequel fait, avec ses dépouilles, un nous ne savons quoi, qui n'a encore aucun nom dans aucune langue.

LACHAPELLE et LEVARLET, à Reims (Marne). — Laines chaînes ; n° 1, 2, 3 et 4 chaîne, peignage non mécanique n° 5, bobine de peignage mécanique n° 12, 13 et 14, contenant ensemble un échantillon des numéros précédens.

MM. Lachapelle et Levarlet ont un bel établissement qui, dit-on, fut le berceau de la filature cardée, lorsque M. Cockerill l'introduisit à Reims. Cette filature, qui travaille le cardé et le peigné, est parfaitement montée en machines nouvelles ; elle file la laine peignée jusqu'au n° 100.

CAMU Fils et CROUTELLE, à Pont-Givard (Marne). — Médaille d'argent en 1834. — Échantillons de laine filée. — La plus importante usine de Reims pour la filature est celle de MM. Camu fils et Croutelle, à Pont-Givard-sur-Suippes. Elle occupe trois cents ouvriers, sans compter les mull-jennys, et fait tourner douze milles broches ; elle emploie cinq ou six cents kilogrammes de laines fines par jour. Les produits vont à Reims, à Paris, à Lyon ; ceux qui se mélangent de cachemire sont destinés au tissage des châles. MM. Camu et Croutelle ont envoyé des n° 130 en gras d'une grande beauté, mais nous avons dit que ce taux s'éloignait des usages courans. La filature a cependant raison de montrer ce qu'elle peut faire. Un châle blanc, fabriqué avec ce n° 130, et placé dans la case, prouvait qu'il est bien tissable, si nous pouvons parler ainsi, et l'étoffe en était fort belle. Les fils doublés fins n'ont eu jusqu'ici qu'un emploi très-limité pour quelques articles de fantaisie ; s'ils deviennent d'une consommation plus étendue, comme cela est probable, on appropriera sans doute des machines spéciales à ce genre de filé pour l'obtenir plus économiquement. Les spécimens de MM. Camu et Croutelle ont été filés par les métiers ordinaires ; ils sont d'une remarquable perfection.

Mais ce n'est pas tout que de faire de beau fil, il y a de pauvres gens qui y dépensent leurs forces physiques, et qui méritent bien que le chef d'industrie s'intéresse à leur sort. Combien peu, hélas! aiment assez l'ouvrier pour s'occuper de lui. MM. Camu et Croutelle méritent, sous ce rapport comme sous beaucoup d'autres, l'estime et la sympathie des gens, qui, tout en jouissant du produit, reportent quelquefois leur pensée sur la main industrieuse qui l'a créé. La filature de Pont-Givard fut fondée en 1825; ce n'était alors qu'un hameau habité par une trentaine de villageois, aujourd'hui la population s'élève à six cents ames. Il a été construit des maisons isolées les unes des autres, bien saines, commodes, ayant chacune un jardin; presque toutes sont devenues la propriété des ouvriers de la filature; elles se paient à longs termes, au moyen d'un faible amortissement hebdomadaire. C'est comme une caisse d'épargne, qui attache l'ouvrier au sol et à sa fabrique, patrie de ses enfans. L'ouvrier propriétaire! mais c'est un homme tranquille sur son avenir; il contracte des habitudes d'ordre, et une plus grande moralité est la conséquence nécessaire de sa position. Il économise, parce qu'il voit les résultats de l'épargne, et l'hostilité envers ses chefs lui paraîtrait une absurdité. On doit bien penser qu'il y a peu de mutation parmi les ouvriers de Pont-Givard.

CHARPENTIER (Mlle), à Saint-Soupplet (Marne). — Écheveaux de laine peignée, filée au petit rouet. — Savez-vous ce que c'est que du voile à religieuse? Ah! nous célébrerons dignement le voile à religieuse, devenu mousseline de laine claire, quand nous passerons en revue l'innombrable famille des tissus. La mousseline claire en laine est adorable, cela peut bien se dire à l'avance et sans indiscrétion. Or, pour tisser cette merveilleuse étoffe, il faut filer de la laine peignée; il faut filer cela si fin, si uni, que, par exemple, croyez-en ce que vous voudrez, 92,160 mètres de fil ne pèsent que trois onces. Cela ne se confie pas aux machines; il y faut les doigts d'une femme ou plutôt ceux d'une fée, et ce n'est pas trop. Sept à huit fileuses s'en occupent à Reims, et l'une d'elles, Mlle Charpentier, a exposé du fil de laine qui ne cède en rien au plus beau fil de dentelle. Ce fil traînait un peu au hasard sur les tables; un connaisseur le mit en place visible, et l'on vint admirer cet intéressant produit. Le malheur est que les pauvres dames ne gagnent que quinze à vingt sous par jour, et c'est vraiment trop peu. Le jury central aurait dû récompenser dignement une industrie si délicate et si patiente, dont la mécanique s'emparera tôt ou tard, quand la mousseline claire en laine sera comprise. Tout le monde alors aurait applaudi à la décision du jury.

LUCAS Frères, à Reims (Marne). — Laines peignées n°s 1 à 16, laines cardées n°s 9 à 12. — MM. Lucas frères, à Bazancourt, ont une filature de premier ordre, également pour le peigné et le cardé, et dont les produits obtiennent les suffrages des connaisseurs. Cette usine fut le berceau de la laine peignée en France, l'infortuné Ternaux la fonda en 1811 ; on y engagea plus de deux millions de capitaux; elle s'est vendue trois cent mille francs.

DUBOIS et CIE, à Louviers (Eure). — Médaille d'argent en 1834. — Échantillons de très-beau fil de laine cardée, tout préparé pour le tissage des étoffes de fantaisie, qui se portent en pantalons.

PREVOST , à Paris, 9, avenue Parmentier. — Médaille de bronze en 1827, médaille d'argent en 1834. — Tissus de laine et laine filée. — L'égalité de ces fils de laine peignée ne laissait rien à désirer. Depuis la dernière exposition , M. Prevost a fait beaucoup de progrès. Ses fils réunissent maintenant la force à l'extrême finesse ; ils sont unis et bien glacés , et offrent au fabricant de tissus la garantie d'une excellente confection.

WULLIAMY (JUSTIN) , à Nonancourt (Eure). — Médaille de bronze en 1834; dépôt à Paris, chez MM. J. de Conninck, 4 , rue des Petites-Écuries. — Neuf échantillons de filature de laine longue peignée, savoir : floche, trois fils; ordinaire , moyenne et fine , *idem,* deux fils ; trame ordinaire et fine , chaîne simple, chaîne double, ordinaire et moyenne.

COSNIER (PROSPER), à Angers (Maine-et-Loire). — Laine peignée destinée à la bon- neterie, parfaitement filée. — Les produits de cet habile manufacturier sont d'une grande finesse, et son établissement paraît être dirigé avec le plus grand soin.

GAIGNEAU FRÈRES, à Essonne (Seine-et-Oise). — Médaille de bronze en 1834. — Échantillons de laines filées. — Ces fabricans ont exposé un assortiment de diverses sortes de laines très-bien ouvrées ; toutes ont été peignées à la main et filées à la mécanique, les unes pour les tapis et les lacets, les autres pour la passementerie.

Après beaucoup d'essais longs et dispendieux, ils sont parvenus à faire, avec les laines longues anglaises, des fils retors et gazés propres aux *lisses de peigne.* C'est une conquête sur l'industrie de la Grande-Bretagne , qui nous fournissait exclusivement cette espèce de fils ; conquête importante, surtout, parce que le cordonnet retors et gazé reçoit actuellement un emploi plus varié. Par ses combinaisons avec des fils de laine cardées , et même employé comme trame avec une chaîne en soie , ce cordonnet a produit des échantillons qui pro- mettent beaucoup d'applications nouvelles et des succès futurs au tissage.

PIMON Jeune, à Rouen (Seine-Inférieure). — Médaille de bronze en 1827, médaille d'argent en 1834. — M. Pimon fait subir à la laine une espèce de transsudation qui permet au corps gras intérieur de se répandre à l'extérieur des brins de laine. Ce procédé ne serait applicable qu'aux laines blanches ordinaires; les laines fines et les laines de couleur soumises à cette transsudation devraient encore être graissées. M. Pimon affirme qu'il en résulterait toujours une économie de moitié sur la consommation de l'huile. L'expérience réitérée de cette innovation en fait tous les jours apprécier l'avantage.

Les fils de M. Pimon sont d'un numéro fort bas qu'exige la fabrication des draps écrus destinés à l'impression. Ces fils sont bien conditionnés.

PÉQUIN, à Cugand (Vendée). — Mention honorable en 1834. — Laines filées, échantillons divers.

SECTION IV.

TISSUS DE LAINE, FOULÉS ET DRAPÉS.

Les progrès d'une riche industrie, désirables dans tous les temps, sont surtout remarquables lorsqu'elle a depuis beaucoup d'années atteint un haut degré de perfection ; tels sont les progrès que nous avons à signaler dans la fabrication des draps français, depuis la dernière exposition.

A qualités égales, ces draps sont généralement à meilleur marché qu'en 1834 ; nous sommes heureux de pouvoir dire en même temps qu'on n'a pas opéré la baisse des produits en réduisant les salaires des ouvriers : on a respecté ce salaire.

Pour obtenir de pareils résultats, il a fallu réunir un emploi très-intelligent des forces motrices, à l'adoption de machines mieux conçues et moins dispendieuses, manœuvrées avec plus d'habileté, adaptées en plus grand nombre à des usages plus variés; ajoutez l'application de la vapeur dans les différens apprêts ; ajoutez une production plus considérable, laquelle diminue la proportion relative des frais généraux ; enfin, cette production augmentée, opérant sur les marchés une concurrence plus active et réduisant les bénéfices du fabricant aux moindres termes possibles.

Aujourd'hui l'on évalue à plus de 400 millions le prix des lainages de toute sorte, ainsi qu'il est facile de s'en assurer par le calcul suivant :

En évaluant approximativement à 35 millions le nombre de bêtes à laine et leur toison à 6 francs, valeur moyenne, le prix total des toisons sera de. . . 210,000,000 fr.

Capitaux employés à la fabrication. 170,000,000

Importation de laines étrangères. 20,000,000

Total. . . . 400,000,000 fr.

Dans l'immense mouvement de ce vaste capital, malgré les secousses éprouvées par le commerce après 1830, les difficultés que nous venons de signaler, et les efforts qui les ont surmontées, ont eu lieu sans que l'industrie ait à déplorer beaucoup de catastrophes importantes.

Elbeuf a soutenu, à l'exposition, la réputation, dont elle jouit depuis long-temps ; ses progrès ne sont pas seulement remarquables par la quantité, mais par la qualité de ses produits. Les membres du jury central en ont fait hautement la remarque. En 1834, son industrie ne s'exerçait que sur des étoffes pour habillement d'hommes, mais aujourd'hui on peut constater ses progrès sur les mêmes articles et ses innovations dans un autre genre : ainsi, les étoffes pour robes, manteaux, châles, etc., ont été admirées tant par leur finesse que par la beauté des dessins.

Louviers se distingue toujours par la fabrication de ses draps fins, mais quelques maisons d'Elbeuf rivalisent avec cette ville pour les belles qualités.

Sédan paraît devoir s'en tenir à ses draps noirs, qui sont d'ailleurs représentés par les fabricans les plus notables.

Quelques villes du midi ont représenté des articles d'un très-bon prix et bien faits ; deux villes jadis fort importantes ne figuraient pas : nous voulons parler de Carcassonne et de Limoux ; l'industrie d'Elbeuf, en s'exerçant sur les basses qualités, les a mises hors de concours.

Castres, dont on a tant parlé pour ses beaux et bons cuirs-laine, était représenté par une seule maison qui semble s'être reposée sur ses lauriers de la dernière exposition ; ce serait, à notre avis, une chose fâcheuse et des récompenses qui ne seraient pas acceptées comme des encouragemens à mieux faire encore ; au surplus Castres a reçu un coup terrible, et ceci remonte à l'époque où la nouveauté pour pantalons a pris de l'extension à Elbeuf.

Reims, qui n'avait jamais cessé d'être une des villes les plus actives de France avait envoyé quelques draps remarquables à l'exposition ; mais c'est surtout par ses nombreux établissemens de filature que Reims tient une place importante dans l'industrie ; non-seulement elle suffit à ses nombreuses fabriques, mais elle alimente en grande partie Paris, Lyon, Nîmes, Rouen, Saint-Quentin, Roubaix, etc., etc. ; la filature en cardé, qui s'était montrée avec tant de supériorité en 1834, soutient dignement sa haute réputation ; et, cette fois, ce n'est plus un seul établissement qui entre en lice, plusieurs nouveaux exposans sont venus confirmer, qu'en laine cardée les filatures de Reims ont, sur toutes celles de France, une supériorité incontestable ; et, qu'en laine peignée, elles peuvent rivaliser avec les meilleures manufactures.

T. I.   3

Le peignage des laines, qui, de temps immémorial, est une industrie spéciale à la ville de Reims et à son rayon, a pris, depuis quelques années, un développement inconnu jusque-là, par suite de l'accroissement successif des établissemens de laine peignée sur les divers points de la France, alimentés pour la plupart par les peigneurs de Reims. Dans ces derniers temps, un filateur de cette ville, par suite d'heureuses modifications qu'il a apportées aux machines dites *Peigneuses-Colliers*, a obtenu de peigner avec succès les laines courtes sur ces machines qui, avant lui, n'avaient donné de bons résultats que pour les laines longues ; cette maison présentait à l'exposition une bobine et du fil provenant de ce nouveau peignage.

Le département du Nord est un de ceux qui figuraient avec le plus d'avantage à l'exposition. Roubaix avait encore, cette année, envoyé plusieurs échantillons de draps à l'exposition.

LABROSSE et CIE, à Sédan (Ardennes). — Médaille d'argent en 1834, sous le nom de Labrosse Jobert. — Draps vigogne, vert russe, échantillons. — La maison Labrosse et Cie, de Sédan est depuis long-temps en possession de créer presque tous les ans quelque étoffe nouvelle ; parmi celles de ce genre qu'elle a exposée cette année, nous citerons 1° la *sibérienne*, article entièrement nouveau, très-brillant, bien ondulé et d'une grande solidité ; cette étoffe est en poil du Levant ; 2° la *laponienne*, composée de laine et de cachemire, plus légère que la *sibérienne*, mais beaucoup plus fine et plus douce ; 3° l'*otter shin*, fabriqué en laine très-fine et très-douce ; cette étoffe remplacera à merveille les pilotes pour les paletots, et aura l'avantage d'être plus chaude, plus légère et beaucoup plus agréable à porter ; tous ces articles sont en 5/4 croisés. Nous avons remarqué encore un drap fabriqué par la maison Labrosse, avec de la véritable vigogne, qui réunit à une très-grande douceur une finesse admirable ; cette étoffe nous paraît le *nec plus ultra* de l'article à poils. Enfin, nous avons remarqué un drap-fourrure fabriqué par la même maison avec de la laine de Lama ; cet article nouveau, dans le tissu duquel il n'entre que des matières en couleurs naturelles, et qui, par sa douceur et son analogie avec les fourrures, peut servir à plusieurs usages. La beauté de ces divers produits nous semble assurer à la maison Labrosse les succès de toute nature, auxquels peuvent prétendre les exposans.

BIGOT et CIE, à Amboise (Indre-et-Loire). — Castorines. — L'industrie qui, sans contredit, mérite le plus d'encouragement pour son utilité, est celle qui peut offrir à la consommation des objets bien fabriqués et à bon marché. Nous pouvons donc, sans hésiter, recommander la fabrique de castorines teintes en laine de MM. Bigot et Cie. L'emploi intelligent des matières premières, leur bonne qualité, l'économie dans la main-d'œuvre, et l'amélioration qu'ils ont donnée à ce genre de fabrication, les met à même de lutter avec avantage avec les fabriques de Mazamet, de Darnetal et de Lisieux. Cette fabrique, qui n'a pas encore deux ans de date, a pris cependant un accroissement considérable, et qui ne peut qu'augmenter. MM. Bigot et Cie, étant parvenus à résoudre ce problème avec de bonnes laines, produirent à des prix très-bas des étoffes moelleuses et chaudes, et portées principalement par les classes peu aisées de la société.

PARET (Marius), à Sédan (Ardennes). — Médaille à l'exposition de 1827. — Satins de laine, draps, casimirs. — M. Marius Paret fabrique toutes les qualités fines et superfines de draps, casimirs, cuirs-laine, satins, zéphyrs et nouveautés. Les hautes couleurs écarlate, cramoisi, violet et toutes les autres nuances pour uniforme, pour l'exportation, livrées ou meubles. Draps, casimirs, satins blancs, etc., etc.

Les divers articles que cette maison a exposée cette année, sont d'un moelleux, d'un brillant et d'une pureté, qui répondent à toutes les exigences; nous avons surtout remarqué des zéphyrs noirs, casimirs et satins, d'une finesse extraordinaire et d'un travail parfait.

AROUX (Félix), à Elbeuf (Seine-Inférieure). — Médaille d'argent en 1834. — Draps et nouveautés en tous genres. — M. Félix Aroux a fondé son établissement en 1826, et malgré les faibles ressources dont il disposait alors, il est parvenu, par son travail et sa persévérance, à prendre un rang distingué dans la fabrique. Déjà, en 1829, ses produits en draps fins l'avaient fait classer parmi nos meilleurs fabricans d'Elbeuf, et depuis lors sa réputation s'est toujours soutenue. À l'exposition de 1834, où ce fabricant paraissait pour la première fois, le jury, juste appréciateur de ses efforts, s'exprimait, à son égard, dans ces termes : « Ces tissus, faits en laine de France et de Saxe, sont d'une beauté re- » marquable, et jouissent d'une grande faveur dans le commerce. Néanmoins, ses prix » sont modérés. »

En 1836, M. Aroux n'a pas voulu rester en arrière du mouvement imprimé à l'industrie d'Elbeuf; il a donné plus d'extension à sa fabrication, et a monté un établissement de nouveautés considérable. Ses tissus, tant par le bon goût et la variété des dispositions, que par le choix des matières premières et le fini des apprêts, ont attiré promptement l'attention des consommateurs, et ces tissus nouveautés n'ont pas eu moins de réputation et de succès que ses draps fins. L'établissement de ce fabricant nous paraît digne, au plus haut degré, de l'attention et de l'estime publique, et nous pensons que si, pour bien mériter de son pays, un manufacturier doit se distinguer par la diversité et le perfectionnement de ses produits, par leurs prix modérés, et enfin par une fabrication assez importante pour occuper huit cents à mille ouvriers, et livrer annuellement à la consommation de quatre-vingt-dix à cent mille aunes, M. Félix Aroux nous paraît remplir éminemment toutes ces conditions.

LASCOLS et Cⁱᵉ, correspondans de la Société Agricole et Industrielle de la Lozère, à Paris, 28, rue du Sentier. — Draps, serges, escots et autres tissus de bonne qualité et à des prix modérés. — L'industrie, qui partout fait des progrès, est cependant frappée de mort dans le département de la Lozère ; de tout temps, sa population a travaillé la laine, seule ressource de ce triste pays ; les tissus qu'on y fabrique sont les draps des pauvres, les serges, les escots ; mais , dans cette fabrication , que personne ne dirige, rien n'a été changé, presque rien n'a été fait pour l'améliorer.

Autrefois, il s'y fabriquait pour environ deux millions de ces tissus , qui se vendaient en Espagne et dans le Midi. Aujourd'hui il s'en vend encore en France , mais beaucoup moins surtout depuis que les cotons y ont été introduits.

Maintenant que la laine a repris son empire , M. Lascols (de Mende), qui s'est toujours occupé de cette industrie , est venu former une maison à Paris, où ces articles sont presque inconnus ; et, dans l'intérêt de son pays , il a exposé, au milieu de tant de nouveautés de Sédan et d'Elbeuf, de gros draps, serges et escots, produits de son département, qui n'ont d'autre mérite que celui de leur bonne qualité, et surtout du bon marché : ce qui convient parfaitement aux vêtemens des campagnards et aux communautés.

Depuis quelques années, il y a deux filatures de laine peignée dans ce département, et toutes deux sont en pleine prospérité ; une troisième commence. Il y a encore une fabrique de couvertures, dirigée par MM. Brun, d'Imbert et Quatreuil, dont les produits figuraient avec avantage à l'exposition de 1839. C'est dans ces maisons qu'on a commencé à fabriquer quelques escots 5/4 à la navette volante, mais on s'y occupe très-peu de tissus ; le tout se fait à la campagne , individuellement, et, tous les jours de marché , chaque paysan ou tisserand porte sa pièce à la vente.

Autrefois la chaîne, comme la trame, se filait à la main ce qui donnait à vivre à toutes les femmes des villes et villages; mais les filatures offrant un avantage pour la qualité et les prix, on se sert généralement des fils de la mécanique , que l'on a vue avec horreur dans le principe.

La main-d'œuvre étant à bon marché , on peut facilement améliorer le sort de cette fabrication locale, qui , sous tous les rapports, offre de sûrs élémens de prospérité. Pourquoi n'arriverait-on pas à travailler et à employer tous les fils de la Lozère , au lieu de les laisser partir pour le Midi et le Nord de la France, où ils vont se manipuler ? La raison en est simple , c'est que personne jusqu'ici ne s'est occupé de la fabrication , ni ne l'a étudiée; personne n'a cherché à venir puiser dans la capitale les ressources des débouchés , en améliorant ou en introduisant les changemens commandés par le temps et les circonstances , et qui sont d'une exécution difficile à des ouvriers ignorans, qu'il faut diriger et instruire. C'est en faisant manipuler, à Paris et dans le Nord , certains de nos articles, que M. Lascols en a trouvé le débouché ; ils sont dénaturés au point de n'être plus reconnaissables ; on les distingue, parce qu'on leur a donné le nom *draps-Lascols* dans l'emploi qu'on en fait. On les désigne aussi sous le nom de *draps des pauvres*.

Les administrations des hospices, des prisons et les bureaux de bienfaisance, trouveront un grand avantage à adopter ce genre d'étoffes, qui sont bonnes, solides et à bon marché, pour les objets d'habillemens.

Le roi et la famille royale ont remarqué avec intérêt cette exposition , qui est celle de toute la Lozère , représentée par M. H. Lascols, à qui le prince a bien voulu témoigner sa satisfaction.

TROUPEL, TURS et FAVRE, entrepreneurs du service de la Maison centrale d'Embrun (Hautes-Alpes). — Frisons écrus, tissus en soie, laines peignées, draps croisés, tissus laine et fil, fantaisie en rames.

CHEF GUILLAUME et CIE, à Cugand (Vendée). — Futaine croisée, laine filée, castorine et espagnolette croisée, molleton croisé lisse et bleu, drap breton croisé noir. — Les tissus fabriqués par MM. Chef Guillaume et Cie, sont spécialement destinés aux classes les moins aisées ; ils sont cependant de bonne qualité et d'un aspect assez avantageux.

VIVIÉS FILS et ANDUZE, à Saint-Colombe-sur-l'Hers (Aude). — Médaille de bronze en 1834, décernée à M. Emmanuel Viviés. — Pièces de draps d'une belle qualité. — Les produits de cette maison se font remarquer par leur bonté, la solidité des couleurs et un genre distinct de celui des autres fabriques du Midi. En 1834, une médaille de bronze fut la récompense des exposans, sous la raison Emmanuel Viviés et Fils, qui n'a changé que par suite de la perte déplorable du chef et fondateur de cette maison industrielle. Depuis 1834, les fils d'Emmanuel Viviés et Anduze ont amélioré et créé : à leur fabrication de *cuir-laine*, avantageusement connue, ils ont joint celle des *pilote, janus, satin-laine, lumakelle et mosaïque,* étoffes de mode et à des prix modérés. Une pièce, entre toutes, méritait surtout de fixer l'attention du public et de MM. les membres du jury, celle au n° 22,037, *lukamelle mosaïque,* étoffe propre à pantalon et aussi à paletot. Du succès est assuré à cette nouveauté. Les exposans occupent trois cents ouvriers dans leurs ateliers, et livrent à la consommation vingt mille aunes de draps.

Note des draps exposés :

N^{os}		
10898	Cuir-Laine à 13 fr. 50 c. l'aune.	
10971	Cuir-Laine à 15 fr. 50 c.	
11765	Pilote à 17 fr.	
11747	Cuir-Laine rayé à 4 fr.	
11754	Cuir-Laine rayé à 16 fr.	
22021	Janus 5/8 rayé horizontal à 8 fr. 50 c.	
22061 20 11746	Janus divers à 17 fr.	
22014 122015	Lukamelle divers fonds à 16 fr. 50 c.	
22037	Lukamelle mosaïque à 17 fr.	

FAGES (JEAN-LOUIS) et FILS JEUNE, à Carcassonne (Aude). — Médaille d'argent en 1819, médaille d'or en 1827. — Draps divers, flanelle, casimirs, etc. — Ces messieurs, dont la fabrique est très-importante, ont exposé, entre autres produits, un charmant drap dit *émir*, d'une grande légèreté, à 17 fr. le mètre; cette jolie étoffe doit obtenir un grand succès dans l'Orient. Leurs cuirs-laine noirs, leurs casimirs et leurs flanelles, sont d'une excellente fabrication et en bonne matière.

MOUISSE (Jean-François), à Limoux (Aude). — Médaille de bronze en 1834.— Draps de diverses couleurs et qualités. — Ces messieurs ont exposé des cuirs-laine 5/4, d'une fabrication remarquable et d'un prix modéré, dont les couleurs et les mélanges attestent autant de goût que d'intelligence; de jolis satins rayés pour pantalon, à 15 francs le mètre, etc.

DAYDÉ GARY, à Cenne-Monestié (Aude), — Échantillons de draps divers.

SOMPAYRAC Aîné, à Cenne-Monestié (Aude). — Médailles de bronze en 1827 et 1834. — Échantillons de draps divers.

BELZ SICARD, à Limoux (Aude). — Tartans, castorines et draps divers. Ces trois fabricans se faisaient remarquer à l'exposition par des produits à peu près égaux; M. Sompayrac avait exposé le drap le plus curieux, peut-être, de toute l'exposition, 6 fr. le mètre, et bien fort, bien fait et d'un aspect agréable; voilà du drap pour le peuple, que nos fabricans nous ont paru négliger un peu trop. M. Sompayrac a voulu faire voir aux dandys parisiens qu'il était possible d'acquérir une grande fortune, tout en s'occupant des besoins d'une classe modeste, mais bien utile. M. Belz Sicard a exposé des draps du même genre, mais d'une qualité un peu supérieure à 12 et 13 fr.

PICARD Frères, à Nancy (Meurthe). — Échantillons de draps divers. — Produits remarquables et bien fabriqués.

GOUDCHAUX et PICARD Frères, à Nancy (Meurthe).—Médaille de bronze en 1834. — Flanelle, castorine, draps, cuir-laine.—La fabrique de MM. Goudchaux et Picard frères fabrique annuellement cinq à six cents pièces entières dans les prix de 10 à 18 fr. le mètre, et de bonne qualité en raison de ces prix modérés. MM. Goudchaux et Picard frères possèdent une autre fabrique à Elbeuf. Ils ont exposé de bons draps noirs et des draps chinés, genre peu gracieux, mais difficile, et qui trouve des consommateurs.

MARCOT THIRIET et CIE, à Nancy (Meurthe). — Médaille de bronze en 1834. — Échantillons de castorine et de draps cuirs-laine. — M. Marcot Thiriet fait des draps cuirs-laine à 22 fr. 85 c. l'aune en 9/8 fort remarquables pour ce prix ; leurs articles nouveautés n'ont rien offert qui mérite une grande attention.

FROMENTAULT (Hippolyte), à Poitiers (Vienne). — Draps cuirs-laine de plusieurs qualités.

LABROSSE BECHET (F.), à Sédan (Ardennes). — Médaille d'argent en 1834. — Drap fourrure, drap vigogne, alpaga, castorine, sibérienne, laponienne, et autres également de mode. — La spécialité de M. Labrosse Bechet consiste dans les draps à poils où il réussit parfaitement. Son drap vigogne est bien beau, mais qui voudrait maintenant mettre 50 fr. à une aune de drap, encore prix de fabrique ; si c'est comme rareté, à la bonne heure, le vigogne est curieux.

ROUSSELET (Antoine), à Wé et Sédan (Ardennes). — Satins de laine et draps, casimirs. — M. Antoine Rousselet avait beaucoup d'envieux à l'exposition de 1834 ; cette année on le comble d'éloge, qu'il mérite cependant avec une certaine mesure. C'est un homme qui a fait son chemin à force de courage et d'intelligence. Les gens qui ont trouvé une maison toute faite, qu'il s'agit simplement de continuer, ne savent pas assez tout ce qu'il faut de caractère et de vigoureuse résolution pour s'élever et se grandir. M. Rousselet a de très-beaux satins, de beaux et bons draps, des nouveautés à heureux mélanges.

TROTROT Fils aîné, à Sédan (Ardennes). — Citations favorables en 1827 et 1834. — Draps cramoisis et écarlates et casimirs. — Les casimirs de M. Trotrot pourraient être mieux garnis et mieux coupés ; ses draps cramoisis et écarlates sont irréprochables.

CHAYAUD Frères, à Sédan et à la Ferté-sur-Thiers (Ardennes). — Médaille d'argent en 1819, médaille d'or en 1823, rappel en 1827 et 1834. — Satins de laine, cuirs-laine, draps, alpagas, casimirs. — Sédan triomphe toujours dans la fabrication du drap noir ; nulle part, le noir n'est d'une beauté comparable à celui de Sédan. Nous avons vu tout ce que l'Angleterre, la Belgique, la Prusse, font de plus beau en ce genre, Sédan l'a emporté ! Il est vrai que les draps de cette belle fabrique se teignent en pièce, ce qui a plus d'un inconvénient, mais l'effet cherché est obtenu, et, nous le répétons, il est impossible d'imaginer un noir de teinte plus admirable.

MM. Chayaux frères ont un nom bien connu sur tous les marchés du globe ; cette réputa-

tion a été légitimement acquise par les soins qu'ils donnent·à leur fabrication. Dans le
commerce on demande un *Chayaux,* comme ailleurs on demande un *Harmann* ou un *Dolfus-
Mieg,* comme on demanderait un *Bréguet;* leur drap noir, pour la saison chaude, est
d'une légèreté charmante, et d'une solidité de travail qu'on ne s'attend pas à trouver dans
une étoffe de ce genre. Le prix est de 42 fr. : c'est un drap tout de luxe. Il y a à peine trois
ans, les premiers satins noirs étaient affreux; MM. Chayaux en exhibent un superbe et
très-bien couvert; le progrès est incontestable.

MM. Chayaux frères possèdent une des plus considérables manufactures de Sèdan, dans
laquelle ils emploient plus de quatre cents ouvriers à fabriquer des draps de qualités variées
comprises entre les prix de 22 à 48 fr. Les premiers pour confectionner des draps aux
moindres prix, ils ont eu l'heureuse idée d'employer la laine ordinaire de France et les
bouts de laine appelés *corons,* bouts qu'on n'employait pas autrefois en France, et qu'on
vendait aux Belges à vil prix.

En un mot, les fabrications de MM. Chayaux ne laissent rien à désirer pour les qualités
solides et pour la beauté.

CUNIN GRIDAINE Père et Fils, à Sédan (Ardennes). — Médaille d'or en 1823, rappel
en 1827, hors de concours en 1834. — Draps et casimirs divers. — Ces manufacturiers
ont créé deux établissemens, dont tous les mécanismes sont mus par des machines à vapeur: l'importance et la perfection de leurs produits leur conservent le plus haut rang dans
l'industrie de Sédan.

Ils produisent annuellement près de cent mille aunes d'étoffes, dont les prix s'élèvent,
pour les draps, de 19 à 70 fr. , et pour les casimirs, de 11 à 14 fr. : ils approvisionnent à
la fois la France, l'Allemagne et l'Italie; ils font vivre douze cents ouvriers.

On doit surtout des éloges à MM. Cunin Gridaine et Bernard, pour le zèle patriotique
qu'ils ont mis à démontrer l'excellence des laines surfines, produites par les troupeaux de
Naz, de Beaulieu, etc. Leur fabrication savante a mis de pair les toisons de ces troupeaux,
avec les plus beaux produits des bergeries électorales de la Saxe.

M. Cunin Gridaine est actuellement ministre du commerce; mais, avant tout, il est fabricant, et c'est comme tel qu'il s'offre à notre examen. Cette année, les draps noirs qu'il
a exposés sont d'une beauté infinie; oui, la matière est de premier choix; oui, ces étoffes
fantaisies sont charmantes. Mais, 1° le grain de ces beaux draps n'est point irréprochable;
2° le relief des draps matelassés n'est pas assez détaché; 3° enfin (et c'est là le point capital) nous avons le malheur de trouver quelque chose de légèrement onctueux dans les
plus beaux draps. Est-ce illusion? est-ce prévention? est-ce ignorance? Ce sera tout ce
qu'on voudra, pourvu qu'on ne nous accuse point d'hostilité, nous en sommes incapables.
Cette imperfection, qui nous frappe dans les draps de M. Cunin, s'explique à nos yeux
par la teinture en pièce; la laine s'y endurcit, et il doit y avoir ensuite, dans l'apprêt, nous
ne savons quoi qu'il s'agirait de perfectionner

PIMONT Jeune, à Rouen (Seine-Inférieure). — Médaille de bronze en 1827, médaille d'argent en 1834. — Filature et tissage des draps, blanchiment et impression de tous les tissus en laine, soie et coton. — La meilleure manière d'apprécier les travaux d'un fabricant, c'est de passer en revue tous ses produits; nous prions donc le lecteur de nous suivre pas à pas dans l'examen que nous allons faire de ceux que M. Pimont avait envoyé de Rouen à l'exposition.

1° Nous appellerons d'abord l'attention du public sur les étoffes-satins et mousselines-laines pour ameublement, genre d'impression qui n'a point encore été fait dans le département de la Seine-Inférieure; et nous engageons les connaisseurs à s'appliquer particulièrement à l'examen de la solidité et de la vivacité des couleurs qui décorent ces étoffes; nous ne pensons pas qu'il soit possible de rien faire sur laine de plus vif et de plus solide;

2° Les stores imprimés sur jaconas se recommandent également par la variété, la multiplicité et la solidité des couleurs, ainsi que par le bas prix auquel M. Pimont est parvenu à les établir de 10 à 12 fr; on remarque que l'ensemble du dessin, où rien n'est répété, a exigé pour sa confection douze planches d'impression et cent quatre-vingt-dix planches de rentrure, toutes parfaitement rapportées; ce dessin, qui comporte dix couleurs garancées et les autres bien fixées, quoique imprimé, produit le même effet que s'il était peint; mais peut être fait ainsi à bien meilleur marché;

3° Un tissu en soie pour écran, imprimé en dix couleurs, mérite aussi quelque attention (prix : 4 fr.).

Comme article nouveau, nous avons remarqué encore des draps imprimés en couleurs grand teint, lesquels pourront remplacer avec avantage, tant sous le rapport de la variété des dessins et du bas prix auquel on pourra les établir, les draps brodés avec des mouches et des chinées, comme on les a faits jusqu'à ce jour.

En résumé, tous les articles imprimés qui ont été exposés par M. Pimont, offrent la réunion de presque toutes les couleurs qui peuvent se faire en bon teint sur tissus en laine, en soie et coton.

Nous éprouvons ici le besoin de rappeler un des titres les plus solides et des mieux constatés que possède M. Pimont à la reconnaissance de l'industrie des étoffes.

Lors de l'exposition de 1834, ce fabricant avait présenté des draps faits avec des laines filées sans huile. Une grande prévention existait alors contre son procédé, et l'on en contestait les avantages, parce qu'on l'assimilait à la plupart qui avaient été employés jusqu'alors sans succès, et qui tous tendaient à remplacer par un autre corps, soit simple, soit composé, l'huile que l'on prétendait économiser. Le procédé de M. Pimont n'a aucune analogie avec ces différens moyens, puisqu'il ne substitue à l'huile aucune autre substance; mais seulement qu'il fait subir à la laine une transsudation qui fait passer à la surface une partie de la matière grasse qu'elle renferme à l'intérieur de ses tubes, ce qui la rend ainsi plus onctueuse, l'empêche de crisper, et permet que l'on puisse, dans cet état, la filer plus facilement. Si sept années d'une fabrication suivie sans interruption, par le même procédé, ne suffisaient pas pour détruire une si grande prévention, les témoignages des premiers fabricans de Rouen, qui emploient constamment ces draps blancs pour table et pour

châssis d'imprimeur, viendraient se joindre au rapport qui a été lu dans la séance publique de la Société libre d'Émulation du 6 juin 1834, rapport qui a été publié dans le *Recueil* des travaux de cette société de la même année, au nom d'une commission spéciale, qui s'est transportée dans les ateliers de M. Pimont, et s'est convaincue, en y voyant fonctionner les cardes, les filatures et les métiers de tissage, et en examinant avec attention les divers produits obtenus d'après son procédé, qui s'est convaincue, disons-nous, des avantages qu'elle résume ainsi :

« 1° Très-grande économie d'huile ;

» 2° Économie de savon : les draps, moins gras, n'exigent plus autant de savon pour » être dégraissés ;

» 3° Economie de temps pour le cardage ;

» 4° Suppression de l'encollage pour les gros draps ;

» 5° Le tissu est plus fort et plus régulier, en ce que la trame, moins grasse, prend plus » d'eau, et qu'ainsi elle peut entrer davantage et mieux recouvrir la chaîne ;

» 6° Certitude que les draps ne deviendront pas gras, ce qui arrive quelquefois lorsque l'on » emploi des laines nouvelles.

» Or, ici le corps gras extrait en grande partie par le procédé de M. Pimont, ne peut » plus repasser à la surface par l'effet de la fermentation ;

» 7° Entretien propre et facile des ateliers, et, ce qui est plus important encore, moyen » de propreté et de salubrité pour les ouvriers (1). »

Nous engageons en dernier lieu à examiner, avec toute l'attention qu'ils méritent, les draps sans couture pour couvrir les rouleaux. Depuis quelques mois seulement, M. Pimont a monté ce genre de fabrication, et les fabricans d'indienne en apprécient déjà tout le mérite pour couvrir les rouleaux des tireurs mécaniques de la pérotine, et les fabricans de calicots au tissage mécanique pour couvrir les rouleaux des machines à parer; ces draps offrent cela de remarquable, c'est qu'ils constituent une double invention, puisqu'ils résultent de l'application d'un moyen tout nouveau et breveté, et qu'ils sont fabriqués avec des laines filées d'après le procédé qui est particulier à ce fabricant pour filer la laine sans huile, et pour lequel il a pris, il y a cinq ans, un brevet d'invention.

M. Pimont est un manufacturier laborieux et instruit, qui ne confie qu'à lui-même la direction et tous les détails d'un bel établissement qui réunit la filature et le tissage des draps, le blanchîment et l'impression de tous les tissus en laine, en soie et en coton, occupe environ quatre cents ouvriers, et où l'on imprime vingt-cinq à trente mille pièces par an. Nous tenions d'autant plus à faire ressortir le mérite des travaux de M. Pimont et l'utilité de ses inventions, que quelques rivalités jalouses ont cherché à déprécier les uns et les autres, et que l'exposition publique des produits de son industrie a suffi pour lui faire rendre une justice éclatante.

(1) Extrait du *Recueil des travaux de la Société libre d'Émulation*, du 6 juin 1834.

LEROY PICART, à Sédan (Ardennes). — Draps cramoisis, cachemires, satins de laine, casimirs noirs, cuirs-laine, etc. — M. Leroy Picart a exposé de bon drap ordinaire ; avec la réputation dont il jouit, M. Leroy Picart n'avait aucun tour de force à tenter.

JUHEL DESMARES Frères, à Vire (Calvados). — Médaille de bronze en 1834. — Draps de diverses couleurs et qualités. — Si les draps exposés par MM. Juhel Desmares sont leur fabrication ordinaire, on ne peut leur donner trop d'éloges ; si ces tissus font exception, ils prouvent du moins qu'à Vire on peut faire de fort bon drap ; un cuir-laine nous a paru très-bon et très-bien fabriqué.

JUHEL PONDÈGRENNE, à Vire (Calvados). — Diverses coupes de draps. — M. Juhel Pondègrenne s'est maintenu dans l'ancienne fabrication du pays.

FOURNET BROCHAYE, à Lisieux (Calvados). — Citation favorable en 1834. — Échantillons de croisé, molleton à poil, drap pilote.

LAFONT VAISSE, à Mazamet (Tarn). — Molletons, flanelles, espagnolettes, casquettes, casimirs frisés et autres étoffes.

CORMOULS (Ferdinand), à Mazamet (Tarn). — Médaille de bronze en 1834, sous la raison sociale Vène, Houlès, Cormouls et Cie. — Tartans, alpagas, molletons et flanelles diverses.

HOULÈS Père et Fils, à Mazamet (Tarn). — Casquettes de plusieurs nuances, châles, molletons, flanelles de qualités diverses, etc. — Mazamet ne faisait, en 1820, que de misérables petites étoffes soi-disant drapées qui portaient glorieusement son nom, et qui se vendaient de 1 fr. 50 à 2 fr. 50 c. l'aune ; en outre, de pauvre petit molleton bien maigre. Aujourd'hui, Mazamet est une ville de six mille ames ; Mazamet fabrique pour douze millions de draps molleton, tartans, avec des laines de la contrée, et vend tout cela à Paris, en Bretagne et en Normandie. MM. Houlès père et fils exposent de bons molletons, et des tartans aussi beaux que des tartans peuvent l'être. Une de leur flanelle rase ne déparerait pas l'étalage des plus habiles Rémois. M. Cormouls a un coating gris très-bien fait, une flanelle croisée fort belle, et un joli molleton garance pour chemise de matelot, à 4 fr. en 4/4. L'exposition de M. Lafont Vaisse n'est pas moins intéressante ; nous y avons vu trente-huit molletons de trente-huit prix différens ; l'un d'eux, à 1 fr. 80 c., est véritablement curieux.

Sa flanelle croisée rase, en laine peignée, est une bien belle étoffe à 6 fr. 50 c.; on ne saurait faire mieux. Le molleton 3/4, à 7 fr. 50 c., pour jupon de dames, est ce que nous avons vu jusqu'ici de plus parfait en ce genre d'étoffe ; et, pour ce qui est de la ratine gris-bleu, à 4 fr. 75 c., on voudrait être meunier, pour se faire faire une belle veste avec ce tissu-là : heureux meuniers!

GUIBAL (Jean-Pierre-Julien), à Castres (Tarne).— Cuir-laine de différentes couleurs et qualités, draps bleus et garance pour la troupe. — La famille des Guibal est, pour la ville de Castres, comme celle des Kœchlin pour la ville de Mulhouse; c'est elle qui représente en quelque sorte toutes les supériorités qui caractérisent la fabrique de leur cité. A toutes les expositions, depuis l'an X (1801), jusqu'à 1827, nous voyons des médailles d'argent ou des médailles d'or accordées à quelque maison Guibal.

Celle de Jean-Pierre-Julien Guibal obtient, pour la première fois, une médaille d'argent en 1819, la médaille d'or en 1823, et le rappel de cette médaille en 1827.

Ces distinctions sont méritées à deux titres : d'abord pour la grandeur de l'établissement qui les a reçues, et qui, développé par degrés, n'occupe pas moins de mille ouvriers; en suite pour avoir transporté dans le Midi de la France les procédés et les perfectionnemens des fabriques du Nord, appliqués aux laines produites par nos départemens méridionaux.

M. Guibal s'est fait une réputation spéciale par sa fabrication des cuirs-laine, dont il est en quelque sorte le créateur; les cuirs-laine et les casimirs garance qu'il a exposés en 1839, ont réuni tous les suffrages. Son coating brou de noix, à 22 fr., nous a paru une fort bonne et fort belle étoffe.

GERMAIN (Aug.), à Moutiers, près Briey (Moselle). — Draps de diverses couleurs pour les troupes. — Bonne fabrication et prix modérés.

BARBOT et FOURNIER, à Lodève (Hérault). — Médaille de bronze en 1834. — Draps cuir-laine, tartans. — MM. Barbot et Fournier fabriquent des cuirs-laine et des tartans de bonne qualité, mais dont les prix nous paraissent élevés.

BARTHEZ (Sylvestre), à Saint-Pons (Hérault). — Médaille de bronze en 1834. — Échantillons de draps de diverses espèces. Fabrication fort distinguée. — Les draps légers exposés par cet industriel nous ont paru très-bien et convenables pour l'exportation.

BUFFET-PERIN Oncle et Neveu, à Reims (Marne). — Draps verts pour tapis, satin, tricot athénien, coating. — MM. Buffet-Perin ont exposé, entr'autres articles, de jolies nouveautés pour pantalon. Ces messieurs peuvent parfaitement soutenir la concurrence avec Sédan et Elbeuf, si l'on juge de leur mérite d'après ce qu'ils ont exposé.

HAZARD et BIENVENU, à Orléans (Loiret). — Draps de diverses couleurs et qualités. — Pièces cotées 12 fr. véritablement belles.

MICHEL (JULES), au Rendon près Meung (Loiret). — Draps de diverses qualités et d'un tissu solide.

BERTHAUD FILS, à Vienne (Isère). Draps satins noirs, cuir-laine et autres étoffes de belles qualités.

MONIGUET, à Vienne (Isère). Draps cuir-laine, alpagas, castorines,

RIGAT, à Vienne (Isère). — Draps cuir-laine; échantillon.

GABERT FILS AÎNÉ et GENIN, à Vienne (Isère). — Médaille de bronze en 1834. — Draps cuir-laine.

POIX-COSTE et DERVIEUX, à Vienne (Isère). — Draps cuir-laine.

BADIN PÈRE et LAMBERT, à Vienne (Isère). — Médaille d'argent en 1823, rappel en 1827 et 1834. — Castorine et draps cuir-laine.

GABERT FILS AÎNÉ, à Vienne (Isère). — Médaille de bronze en 1834. — Alpagas, draps de diverses espèces.

GUILLOT AÎNÉ, CHAPOT (AUGUSTE) et Cⁱᵉ, à Vienne (Isère). — Draps cuir-laine. et double croisé

GRENIER Père et Fils, à Vienne (Isère,) — Draps cuir-laine.

On confectionne de la draperie à Vienne, en Dauphiné, depuis long-temps ; mais cette industrie a pris un accroissement considérable depuis quelques années. Trois cents fabriques occupent douze mille ouvriers, en général heureux, parce qu'ils sont probes et économes. L'article le plus courant, à Vienne, est le cuir-laine ; mais depuis dix-huit mois on y fait la nouveauté. Ces produits se placent bien en France et en Suisse. La Savoie et le Piémont en consommeraient volontiers et beaucoup, et cependant ils en reçoivent peu, parce que les droits d'entrée sont énormes. O que cette guerre de tarifs est intelligente et sage !

MM. Moniguel, Rigat, Poix-Coste et Dervieux, Grenier père et fils, Gabert fils aîné, Guillot et Chapot (de Vienne), ont de bons assortimens en cuirs-laine, castorines et alpagas. MM. Badin père et fils et Lambert exposent des cuirs-laine qui peuvent rivaliser avec ce que Castres a jamais fait de mieux ; ils ont encore un fort bon coating frisé à 9 fr. l'aune. MM. Gabert et Génin ont un alpaga, façon chinchilla, en laine de Smyrne, très-remarquable de fabrication, et un cuir-laine satin, couleur garance, d'une force inimaginable, à 23 fr. Ce beau et bon tissu est feutré en laine de Bourgogne et d'Espagne. Mais l'étoffe de Vienne qui a causé le plus de sensation à l'exposition, et que les fabricans les plus habiles du Nord ont examinée avec le plus d'intérêt, est le cuir-laine à 15 fr. l'aune de MM. Berthaud et Pertus frères. Un noir teint en pièce n'est pas moins digne d'attention. Il est impossible que MM. Berthaud et Pertus restent sans récompense pour d'aussi beaux produits. Certains tailleurs, avec leurs cuirs-laine à 15 fr., feraient à Paris des pantalons que la pratique paierait 70 fr.

MURET DE BORD, à Châteauroux (Indre). — Médaille d'argent en 1823, rappel en 1827 et 1834. — Échantillons de draps cuir-laine. — La grande manufacture de M. Muret de Bord fabrique, à peu de chose près, exclusivement pour les officiers et les sous-officiers de toutes armes, ainsi que pour les employés des douanes. Ses draps et ses cuirs-laine jouissent d'une estime très-méritée ; ses draps garance, vert et bleu, sont en bonne laine, d'un tissu serré, fort et d'une fabrication qui garantit un long usage. Nous ne pensons pas qu'il soit possible de mieux faire en ce genre. — Parmi les objets exposés cette année par M. Muret de Bord, qui est à la fois député exact et manufacturier intelligent, nous devons citer ses cuirs-laine bleu céleste et noisette à 22 fr., un drap bleu double broche pour manteau d'officier, à 28 fr. Nous citerons encore un beau satin à 22 fr., dont les fabricans de Louviers eux-mêmes ont fait un grand éloge.

RIVEMALE (Pierre), à Saint-Affrique (Aveyron). — Draperies de divers genres. — La draperie commune nous a paru bien tissée, bien feutrée et à bon marché. Les molletons de M. Rivemale peuvent, sous ce triple rapport, marcher de pair avec ce qui se fait de mieux dans tout le Midi.

MURET-SOLANET et PÉFARGIÉ Frères, à Saint-Geniès (Aveyron). — Échantillons de draperie.

DASTIS et Fils, à Lavelanet (Arriége),—Médaille de bronze en 1819, rappel en 1823; médaille d'argent en 1834. — Draps de diverses qualités. — Ils sont au petit nombre des fabricans du Midi qui, depuis peu d'années, ont fait de grands progrès. L'établissement hydraulique qu'ils ont créé présente toutes les machines avec lesquelles un fabricant habile peut réunir au bon marché la solidité des produits. Ils livrent à Paris des cuirs-laine et des casimirs larges de 5/4, aux prix de 6 à 13 francs. Ces produits, très-recherchés, soutiennent avantageusement la concurrence avec ceux que fournit le Nord de la France.

CORDONNIER (Veuve), à Roubaix (Nord). — Casimirs-laine de belle et bonne qualité.

RIBEAUBOURT-UOTTE, à Roubaix (Nord). — Casimirs-laine.

DERVAUX Aîné, à Roubaix (Nord). — Casimirs-laine pour apprêt et teinture, lustrines, lastings.

BOURGUIGNON et SCHMIDT, à Bischwiller (Bas-Rhin). — Mention honorable en 1834. — Depuis 1834, MM. Bourguignon et Schmidt ont ajouté à leur fabrique de gants de laine à bon marché une fabrique de draps communs bruns et noirs. Les échantillons qu'ils ont exposés nous ont paru bien confectionnés. Ces draps, teints en pièces, peuvent être livrés à 11 fr. l'aune.

RUEF et BICARD, à Bischwiller (Bas-Rhin). —Drap bleu et drap cuir-laine.

GREINER-KUNTZER, à Bischwiller (Bas-Rhin). — Drap cuir-laine, drap noir et d'été. Bonnes pièces, parmi lesquelles il s'en trouve d'une faible fabrication.

BERTÈCHE, BONJEAN jeune et CHESNON, à Sédan (Ardennes). — Draps divers, étoffes en tous genres. — L'exposition de MM. Bertèche, Bonjean et Chesnon est l'une des premières fabriques de France pour les soins et la perfection apportés au tissu. Une fantaisie, dite *réseau* en noir et en bleu, est ce qu'il y a de plus séduisant en fait d'étoffe à pantalon. C'est étoffe de prince, c'est léger, c'est élégant, c'est gracieux au possible ; en nouveauté, rien ne pouvait approcher de cela à l'exposition. Nous avons ensuite remarqué deux draps noirs qui nous paraissent dépouillés complètement de tout onctueux ; l'un, en laine allemande, à 45 fr. l'aune, est d'un moelleux parfait ; l'autre en naz, à 42 fr., nous semble préférable de fermeté et de vigueur. Un autre de nos travers, c'est de désirer, pour tous les draps français, sans exception, un peu plus (nous ne voulons point d'excès) de cette élasticité tant prisée dans les draps de la Grande-Bretagne. Les mots *élasticité du drap* insurgent tous les fabricans de France, qui s'accrochent au vieux programme de fabrique : *drap clos et serré*. Nous n'en persistons pas moins, avec l'opiniâtreté dont nous sommes malades, à plaider pour l'élasticité raisonnable, attendu qu'elle rend le drap plus apte à se modeler sur les formes ; il habille mieux assurément. Pour ce qui est du solide, nous croyons encore que l'usé est en raison directe de la résistance. Mais *clos et serré* répond à tout ; que voulez-vous qu'on réplique à *clos et serré ?*

La case de M. Bertèche renfermait encore des étoffes fort intéressantes, de jolis satins, des casimirs parfaitement traités, des bearskines fort moelleuses, du drap superbe pour nosseigneurs les cardinaux et évêques, voire même du petit drap bien modeste pour ces pauvres anges qui passent leur vie entière à soigner, à consoler l'indigence malade.

GRANDIN (Victor), à Elbeuf (Seine-Inférieure). — Médaille d'or en 1834. — Cette maison, fondée dès 1814, paraissait pour la première fois aux expositions en 1834, et pour son début elle obtenait la médaille d'or. Le talent commercial de MM. Grandin, l'importance de leurs établissemens et l'étendue de leurs spéculations, qui en font aujourd'hui la maison la plus considérable d'Elbeuf, justifiaient pleinement cette haute récompense. Voici, au reste, en quels termes s'exprimait M. le rapporteur du Jury de l'exposition de 1834 :

« Leur manufacture a pour force motrice celle de trois machines à vapeur, équivalentes
» ensemble à l'action de soixante chevaux. Ces machines servent en même temps à chauf-
» fer dix chaudières et vingt cuves ; elles donnent encore le mouvement à 80 métiers pour
» le tissage. Il y faut joindre 150 métiers ordinaires de tisserands ; enfin la fabrique en-
» tière occupe annuellement mille ouvriers. Pour correspondre à cet ensemble de moyens,
» MM. Grandin possèdent tous les procédés de fabrication économique usités en Angle-
» terre, où M. Victor Grandin est allé les étudier afin d'en gratifier la France. Tels sont les
» nouveaux métiers pour préparer et filer la laine, une foulerie perfectionnée, de meilleurs
» moyens de dégraissage, un appareil de chauffage à vapeur pour la teinturerie, etc.

» Quant aux spéculations commerciales, MM. Grandin ont, en 1826, expédié pour la
» Chine, 5,000 pièces de drap ; en 1828 et 1829, ils ont renouvelé leurs exportations, dont
» ils ont été payés, à Calcutta, par des retours de thés et d'indigo. L'un d'eux, en 1829,
» accompagna dans l'Amérique du Sud une expédition de draps, qui provenaient de leur

» fabrique , et montait à 500,000 fr. , pour commencer, avec ces pays , des relations qui
» depuis n'ont pas été discontinuées. En 1833, ils ont fait une expédition pour l'Amé-
» rique du Nord, où la draperie anglaise obtient des bénéfices immenses et jusqu'à ce
» jour exclusifs.

« MM. Grandin embrassent toutes les fabrications de draps. Ils ont exposé 32 pièces
» qui diffèrent de prix comme de qualités ; les unes comme étoffes de luxe , les autres
» comme très-apparentes, seront recherchées pour la consommation de tous les rangs ,
» depuis les classes opulentes jusqu'aux classes les moins aisées. Variété nécessaire
» surtout pour satisfaire aux goûts, aux besoins si divers des nations et des climats
» étrangers. »

Cette maison est restée cette année à la hauteur de sa réputation. Rien de plus joli , de
plus gracieux , de mieux confectionné et d'un aspect plus satisfaisant que les divers tissus
qu'ils avaient exposé.

CHEFDRUE et CHEUVREULX , à Elbeuf (Seine-Inférieure). — Médaille de bronze
en 1823 , médaille d'argent en 1827 , médaille d'or en 1834. — Draps divers et articles de
nouveautés.—On aime toujours à signaler les progrès et les honneurs successivement obtenus
par ces maisons sages et solides , dont la fortune est fondée sur des bases qui leur permet-
tent de s'élever jusqu'au plus haut degré. Telle est celle de MM. Chefdrue et Cheuvreulx
qui, dès 1823 obtenaient la médaille de bronze , en 1827 la médaille d'argent, en 1834 la
médaille d'or.

Une activité rare, une fabrication variée dans ses produits et soigneuse dans l'exécution,
une vive ardeur pour rechercher et mettre en pratique les inventions et les perfectionnemens
dans les procédés , tels sont les élémens de succès de ces fabricans. Ils ont fabriqué tour
à tour les articles de nouveautés , les draps fins unis ou mélangés ; enfin , depuis plusieurs
années, ils sont arrivés à ce degré d'éminence, que leurs produits égalent en beauté, quand
ils ne les surpassent, ceux des fabriques les plus anciennes et les plus renommées.

L'exhibition de MM. Chefdrue et Cheuvreulx était, en même temps, une des plus complètes et des plus belles de l'exposition ; elle réunissait des draps depuis 16 fr. jusqu'à
48 fr. l'aune , avec un grand nombre de qualités extraordinaires , toutes remarquables par
leur réussite , et consciencieusement proportionnées à leurs prix.

DURÉCU (Armand) et Cⁱᵉ, à Elbeuf (Seine-Inférieure). — Draps et nouveautés diverses,
notamment un drap pour manteaux de dames, qui nous a paru d'une fabrication soignée.

DELARUE (Alphonse) , à Elbeuf (Seine-Inférieure). — Échantillons de draps divers.

FLAVIGNY (Charles-Robert) , à Elbeuf (Seine-Inférieure). — Médaille de bronze

en 1801 mention honorable, et médaille de bronze en 1802, nouvelle médaille de bronze en 1819, médaille d'or en 1827, rappel en 1834. — Articles de nouveautés et draps.

M. Flavigny a constamment employé les laines françaises dans sa fabrication; il a le mérite d'avoir, l'un des premiers, avec M. Turgis, fait usage des machines d'Angleterre et de Belgique, destinées à la préparation des laines, ainsi qu'à l'apprêt des étoffes. On remarquait de jolis draps jaspés parmi les échantillons exposés par M. Charles-Robert Flavigny.

GARIEL (CHARLES), à Elbeuf (Seine-Inférieure). — Nouveautés et Draps divers.

DELARUE (AUGUSTIN), FRÈRES, à Elbeuf (Seine-Inférieure). — Médaille d'argent en 1834. — Draps et nouveautés variées.

MOREL BEER, à Elbeuf (Seine-Inférieure). — Mention honorable en 1834. — Draps divers et nouveautés.

BARBIER AÎNÉ, à Elbeuf (Seine-Inférieure). — Pièces et échantillons de draps. — Peut-être à force de vouloir bien faire et de chercher un grain très-fin, M. Barbier aîné a-t-il donné quelque peu dans l'excès ; cependant ces tissus ne sont pas sans mérite.

COUPRIE, MICHEL et Cᵢᴱ, à Elbeuf (Seine-Inférieure). — Draps d'une très-belle qualité.

DUMOR MASSON, à Elbeuf (Seine-Inférieure). — Draps très-beaux et très-bons.

DEFRÈMICOURT (IRÈNE), à Elbeuf (Seine-Inférieure). — Draps très-bien confectionnés.—Les draps de M. Defrèmicourt offraient le type de la bonne fabrication ordinaire d'Elbeuf; il n'y avait là aucun effort tenté en vue de l'exposition.

BARBIER (VICTOR), à Elbeuf (Seine-Inférieure). — Médaille de bronze en 1834. — Nouveautés et draps.—Les draps de M. Barbier étaient au nombre des mieux faits et des mieux traités, de toute l'exposition. Il n'avait rien exposé d'extra-fin, mais d'excellentes étoffes comme on les aime en France, *closes et serrées,* et d'une tonte parfaite. La *bearskine*, fort tissu à long poil, imitant la peau d'ours, a été introduite à Elbeuf, ainsi que les draps dits *pilotes*, par cet honorable fabricant, qui les a imité de l'Angleterre, où les étoffes chaudes (cela se conçoit) ont dû prendre d'abord naissance.

JAVAL (Brutus), à Elbeuf (Seine-Inférieure). — Médaille de bronze en 1834. — Draps et nouveautés diverses. — On a beaucoup critiqué les draps de M. Javal, et nous pensons qu'on a eu tort. L'honorable industriel, dont la fabrique est importante, n'a exposé, à la vérité, que de bons draps ordinaires; mais entendons-nous : Il est certain que, grace au progrès de la filature, très-positifs à Elbeuf surtout; grace encore aux améliorations apportées dans la teinture en général, et qui durcit moins les laines; grace, enfin, à l'apprêt qui se perfectionne de jour en jour, les laines plus communes produisent un effet plus avantageux que par le passé; en sorte qu'un drap de 25 à 30 fr. est aussi beau que l'était celui de 40, il y a sept ou huit ans. On ne fait donc plus, dans la fabrication courante, que des draps qu'on peut appeler ordinaires; ceux de 48 fr., prix des plus élevés de l'exposition, sont des tissus exceptionnels et peu demandés. Il ne faut donc pas trouver mauvais qu'une fabrique expose ce qu'elle fait tous les jours; il y aurait même à cela quelque chose de franc et de loyal, car le programme de l'exposition n'impose à personne l'obligation de montrer des chefs-d'œuvre.

LEMONNIER CHENNEVIÈRES, à Elbeuf (Seine-Inférieure). — Draps et nouveautés diverses.

CHENNEVIÈRES (Théodore), à Elbeuf (Seine-Inférieure). — Médaille d'argent en 1834. — Draps et nouveautés diverses. — La fabrique d'Elbeuf est d'une incroyable activité; peu de cités sont plus industrieuses. Allez à Elbeuf, à l'exception de quelque hôtellerie pour caserner les voyageurs, quelque maison qu'il vous prenne envie de visiter, ce sera toujours un magasin de laines, un assortiment d'étoffes pour la commission, ou une fabrique. Si chacun eût voulu exposer, les Champs-Élysées, dans toute leur étendue, n'y eussent pas suffi. Elbeuf a envoyé vingt-quatre exposans; si la place n'eût manqué, on en eût compté trente-six. Au reste, les cases étaient obscures, et le jour peu avantageux pour les draps. M. Théodore Chennevières avait eu le bon esprit d'enlever le dessus de la sienne pour y substituer un vitrage; à la bonne heure! L'exposition de M. Chennevières a d'abord attiré notre attention à plusieurs titres; c'est l'une des maisons les plus considérables d'Elbeuf; ensuite, l'usine a été incendié il y a un an; enfin, son chef est d'une habileté industrielle reconnue. Il a fait reprendre, en 1831, les articles de fantaisie, délaissés depuis trop long-temps à Elbeuf, et qui ont tiré la fabrique de la triste situation où elle se trouvait alors. En 1832, plusieurs maisons abandonnèrent totalement les draps pour la nouveauté, et en 1834, on en comptait plus de vingt qui étaient exclusivement livrées à ce genre de travail. M. Chennevières est le premier qui ait appliqué la Jacquart aux étoffes façonnées, dites de fantaisie ; il occupe un millier d'ouvriers pour toutes les opérations de sa fabrique. Son exposition était charmante de goût et de fraîcheur ; cent dix pièces de tissus variés pour pantalons d'hiver et de printemps, paletots, flanelles à manteaux de dames, étoffes légères façonnées, pour robes ; étoffes en cachemire légèrement feutré, avec jolies broderies ; châles feutrés, écharpes ; tout cela composé avec un goût exquis.

CHARVET (Pierre), à Elbeuf (Seine-Inférieure). — Médaille d'argent en 1834. — Ses draps lisses sont bien confectionnés et d'un prix modéré. M. Charvet s'adonne spécialement à fabriquer des étoffes de fantaisie. Celles qu'il a présentées sont remarquables par le goût des dessins, la pureté du tissu, la variété des dispositions. Comme imitateur et comme inventeur, il est également distingué,

GOUDCHAUX PICARD Fils, à Elbeuf (Seine-Inférieure). — Médaille de bronze en 1834. — Draps de très-belle qualité.

DESFRESCHES et FILS, à Elbeuf (Seine-Inférieure). — Médaille d'argent en 1823, rappel en 1827 et 1834. — Draps d'une fabrication perfectionnée. — MM. Desfresches et Fils travaillent spécialement pour l'armée, qui a adopté leurs teintes, devenues en quelque sorte officielles ; draps forts, solides, serrés, il n'y a pas le plus petit mot à dire. Une croisure de laine nous a paru fort remarquable, quoique coupée de très-près, le tissu est cependant couvert à souhait.

FOURÉ (Charles) et Cᴵᴱ, à Elbeuf (Seine-Inférieure). — Médaille d'argent en 1827, rappel en 1834. — Nouveautés diverses, draps de qualités supérieures.

FLAVIGNY Fils aîné et ROBERT (Louis), à Elbeuf (Seine-Inférieure). — Médaille d'argent en 1827, rappel en 1834. — Nouveautés et draps divers.

BERRIER et BRISSON, à Elbeuf (Seine-Inférieure). — Draps d'une qualité supérieure

RASLIER Fils, à Elbeuf (Seine-Inférieure). — Nouveautés et draps.

JOURDAIN (Frédéric) et FILS, à Louviers (Eure). — Médaille d'or en 1819, rappel en 1827 et 1834. — Nouveautés, étoffes de laine et draps divers. — M. Jourdain réunit à la fois la perfection des procédés pour obtenir des tissus de la plus grande beauté, et l'étendue des opérations qui constitue en définitive l'importance commerciale. Il livre annuellement à la consommation quarante à cinquante mille aunes de draps d'espèces très-variées, draps proprement dits cuirs-laine, étoffes de goût, établis à des prix gradués, suivant les qualités, de 22 à 60 fr. Il a mis ses soins constans à suivre les perfectionnemens de la fabrication des draps. Aucun manufacturier n'a contribué au même degré à reconquérir, pour la ville de Louviers, la haute réputation dont elle jouissait autrefois sans partage. Parmi les articles de sa fabrication qu'il a exposés, nous avons remarqué deux draps, l'un bleu, l'autre bronze; ils ont surtout attiré notre attention par leur douceur, leur moelleux et leur parfait tissage. Un noir, teint en laine, n'était pas moins remarquable. Les procédés de teinture ménagent la laine, au point de lui conserver toute sa souplesse et sa douceur, même à l'envers du tissu. Le cuir-laine garance est un chef-d'œuvre; mais que cette couleur garance est donc encore malheureuse! Quand donc nos chimistes lui ôteront-ils cet aspect sanguignolent et livide? La plus belle étoffe perd nécessairement avec cette horrible teinte. Un satin garance aussi, fort, très-fort, serré et cependant moelleux, conviendrait très-bien pour la cavalerie; il aurait plus de durée. Une nouvelle étoffe pour pantalon d'été, *drap matelassé*, est fort belle; plusieurs fabricans en exposaient, mais MM. Jourdain l'emportent évidemment sur tous leurs rivaux; c'est une sorte de piqué de laine quadrillé, dont le relief est net et bien arrêté. L'usine de MM. Jourdain est l'une des plus importantes de ce genre; elle dispose d'une force hydraulique de cent chevaux, et toutes les opérations relatives à la draperie, depuis le lavage de la laine, s'y pratiquent en grand. Les machines sont constamment tenues à la hauteur des progrès les plus sérieux.

DANNET Frères et Cⁱᵉ, à Louviers (Eure). — Médaille d'argent en 1819, médaille d'or en 1823, rappel en 1827 et 1834 — Nouveautés et draps divers. — MM. Dannet frères ont eu la première médaille d'or qu'aient obtenue les draps; ils se soutiennent bien à la hauteur de leur réputation; une pièce en laine allemande a été remarquée fort souple et d'un grain parfait.

ODIOT, à Louviers (Eure). — Mention honorable en 1834. — Nouveautés et draps, échantillons de draps bleus et verts d'une fabrication soignée. — L'établissement fondé par M. Odiot est dirigé avec tous les soins que l'on devait attendre de l'ancien associé de M. Dannet, et il nous paraît devoir prendre bientôt un rang distingué.

GODARD et DECREPO, à Louviers (Eure). — Draps de poil dits *draps de castor*. — Cette innovation ne nous a pas paru très-heureuse.

MACEL (Louis), à Louviers (Eure). — Pièces de draps.

POITEVIN fils, à Louviers (Eure). — Médaille d'argent en 1834. — Pièces de draps. — La fabrication de M. Poitevin est fort distinguée ; nous avons remarqué la tonte de ses draps, qui est parfaite : nous prenons la liberté d'être difficiles sous le rapport de la tonte.

RIBOULLEAU Frères, à Louviers (Eure). — Médaille d'or en 1819, rappel en 1827 et 1834.—MM. Riboulleau frères, anciens associés de M. Frédéric Jourdain, ont prouvé, par leur belle exposition, que le talent industriel est héréditaire dans toute cette honorable famille. Leurs draps fins sont fort habilement faits, bien feutrés, bien corsés, remplis de douceur et de moelleux.

DUPONT aîné et CHARVET, aux Andelys (Eure). — Draps divers. — On ne faisait, aux Andelys, que des draps de qualité bien ordinaire ; on ne parlait pas de la fabrique des Andelys ; mais voici cette jolie ville mise en lumière par l'exposition, grace à MM. Dupont et Charvet, qui y ont introduit les étoffes fines : en effet, ces messieurs ont exposé du drap satin noir de la plus haute finesse et d'un excellent travail. Pour un début, c'est arriver aux premiers rangs. Parmi de bien jolies étoffes à pantalon et à paletot, nous avons remarqué un drap matelassé dont le travail est excellent. Nous ne saurions adresser trop de félicitations à MM. Dupont et Charvet.

CHENNEVIÈRES (Delphin), à Louviers (Eure). — Médaille d'argent en 1827, sous le nom de Chennevières frères, rappel en 1834, sous le nom de Chennevières (de Louviers). — Assortimens de draps et nouveautés en tous genres.

AUBÉ Frères, à Beaumont-le-Roger (Eure). — Médaille d'or en 1823, rappel en 1827 et 1834. — Echantillons de tissus en laine cardée. — On fait de très-beau drap à Beaumont-le-Roger, petite ville normande de 2,500 habitans. Après MM. Dannet et Odiot sont venus MM. Aubé frères, leurs successeurs, qui ont dignement continué cette intéressante fabrication, où ils excellent, où ils occupent cinq cents ouvriers. Mais, nous l'avons dit, le progrès n'est plus dans les produits extra-fins : tout le monde en sait faire, et la consommation en est extrêmement limitée. MM. Aubé, qui comprennent cela, n'ont plus envoyé les tissus de première classe qui leur avaient mérité la médaille d'or aux précédentes expositions. Leur case renfermait des satins façonnés pour pantalon, à 11 fr. 75 c. le mètre ; un tissu pour paletot, de fabrication très-difficile, dont l'envers est fourré, et qui forme un vêtement très-confortable ; différens draps, bien faits, de 13 à 18 fr. le mètre ; enfin, des châles écossais unis, brodés à la main, épais, tirés à poil, frangés, au prix de 19 à 25 fr.; plus, des *coatings,* pour manteaux et robes de chambre. Rien de brillant, mais une fabrication excellente. Ce n'est pas tout, la case de MM. Aubé recélait peut-être le seul progrès vraiment incontestable de la draperie, pour cette exposition. Personne n'ignore que, pour faciliter le cardage et la filature des laines, on emploie l'huile d'olive dans la proportion d'un cinquième à un quart de leur poids, et que cette huile est enlevée et perdue, lors de l'opération du foulage. C'est donc une dépense énorme, sans parler d'inconvéniens fort graves qui affectent souvent et la couleur et la nature même du tissu. MM. Aubé appelèrent l'attention de M. Alcan, ingénieur civil à Elbeuf, et de M. Péligot, professeur de chimie à l'École centrale des Arts et Manufactures, sur l'*encimage* des laines, et ces messieurs ne tardèrent pas à indiquer un nouveau procédé que nous ne devons sans doute pas décrire, mais dont la perfection est d'une évidence palpable; c'est encore un nouveau service rendu par la science à l'industrie; la science! que tant d'industriels s'amusent à tourner en dérision, à calomnier même, en lui attribuant toutes les niaiseries qui peuvent passer par la tête du premier grimaud se donnant des airs de savant. Dire, après cela, que le procédé de MM. Alcan et Péligot, si habilement essayé et expérimenté par MM. Aubé, sera compris, sera apprécié, récompensé même, c'est ce que nous ne pensons pas. Il est possible encore que tel fabricant, fort habile, d'ailleurs, qui lira ceci, se prenne à sourire de nos éloges; mais nous sommes ainsi faits, que le mouvement en industrie nous plaît et nous charme, et que notre humble plume, comme nos hommages, appartiennent toujours aux hommes qui voient plus loin que le fait industriel *actuel,* et se jettent hardiment dans cette voie généreuse du mieux à venir qu'on nomme progrès.

Nous avons été parfaitement content de la pièce de drap fabriquée dans le nouveau système.

SECTION IV.

TISSUS DE LAINE NON FOULÉS,

OU LÉGÈREMENT FOULÉS SANS ÊTRE DRAPÉS, ETC., ETC.

Les étoffes non foulées conservent les dimensions qu'elles ont en sortant du métier; les étoffes légèrement drapées perdent très-peu de leurs dimensions et de leur consistance primitive.

Ces tissus sont fabriqués en laine pure, ou seulement avec une trame de laine sur des chaînes de soie, de fil ou de coton. C'est la laine peignée qui sert ici presque univer-

sellement ; la laine cardée ne sert qu'à quelques étoffes légèrement foulées ou tissées de
deux manières différentes.

Le tissu mérinos conserve le premier rang, pour la généralité de son usage en France,
et pour l'importance toujours croissante des exportations, qui s'élevaient

> En 1827, à. . . . . . 2,300,000 fr. (1)
> En 1832, à. 7,400,000

En 1827, la fabrication du mérinos en France, concentrée dans les petites fabriques
aux environs de Reims, et qui produisait annuellement pour quinze millions, s'est étendue
en d'autres parties du royaume par la création de vastes établissemens.

Au premier rang, parmi les nouveaux établissemens, se place la manufacture de
M. Paturle, au Cateau, département du Nord.

Les mérinos n'avaient plus de progrès à faire quant au tissage ; mais il n'en était pas de
même quant au filage, fait primitivement à la main, ce qui ne permettait pas des assortimens complets de fils parfaitement égaux, pour les plus belles fabrications ; de là, ces
barres et ces changemens de nuances, que le défaut d'égalité des fils rend si saillans à la
teinture. Pour obvier à ces inconvéniens, un grand nombre de bonnes filatures à la mécanique pour la laine peignée ont été fondées, et se sont agrandies dans ces dernières
années. Elles ont permis aux tisserans de s'approvisionner, sans perte de temps, en fils
parfaitement uniformes jusque dans les numéros les plus élevés. C'est par là qu'on a pu
multiplier la production et présenter des tissus complètement réguliers, qui reçoivent les
teintes les plus unies, même dans les couleurs les plus clairs.

Le tissu le plus employé par les consommateurs, après le mérinos, est la *Napolitaine,
simple toile en laine cardée* ; sa fabrication n'offre aucune difficulté à vaincre, le meilleur
marché des laines, l'extension perfectionnée du filage sont les seuls élémens de ses progrès
futurs.

Tandis que les Anglais cherchaient le ton mat et sans reflet, le toucher doux et souple de
nos mérinos, nous faisions nos efforts pour donner à notre industrie les tissus ras et brillans
de leurs laines longues et lustrées. Les fabriques de Paris, de Roubaix et de Rouen ont imité
les *stoffs brochés* de l'Angleterre ; mais le prix de la matière première ne permet pas de
faire descendre ces produits dans l'échelle de la consommation aussi bas qu'en Angleterre.
Les Français n'ont pas été seulement imitateurs, ils ont fait de nouveaux tissus de laine
brochés comme les *stoffs*, mais sur des fonds beaucoup plus fins et plus légers, lisses et
satinés : telles sont les *Lieurrines,* les *Dona Maria,* etc., exposées par M. Aubert. On a
fait aussi des étoffes brochées plus épaisses pour manteaux de dames : elles ont été très-
recherchées.

Une autre importation de l'industrie anglaise enrichit aujourd'hui la nôtre, c'est celle
des damassés pour meubles, en laine longue et lustrée. Cette étoffe, pour le brillant,
l'éclat, la richesse des dessins, et surtout la solidité, remplace avec économie les damas
en soie.

(1) Dans ces chiffres on comprend, sans aucune analogie, les casimirs exportés pour une valeur très-minime.

Le lasting ou satin de pure laine, autre imitation de la Grande-Bretagne, a fait une concurrence redoutable à la circassienne, étoffe à chaîne de coton avec trame de laine lisse et lustrée. Turcoing et Roubaix fabriquent en grand ce genre de tissus.

Amiens était, de temps immémorial, en possession de fabriquer des alépines, tissu croisé dont la chaîne est en soie grège et la trame en laine. Ce tissu, teint en noir, s'expédiait en grande quantité à l'étranger, et surtout en Espagne. Notre commerce avec ce pays ayant été interrompu, puis très-restreint, il a fallu revenir au marché de l'intérieur; il a suffi pour cela de varier les couleurs de l'alépine. Bientôt la fabrication d'Amiens est devenue plus importante et plus active qu'elle ne l'était avec ses produits teints en noir : aujourd'hui l'alépine fait partie pour ainsi dire obligée de l'assortiment de tous les magasins de nouveautés.

Substituez la chaîne de soie cuite à celle de soie grège, et vous aurez la bombasine, le châlis uni et satiné, la popeline, etc. Avec le métier à la Jacquart, on a broché sur ces tissus des dessins du meilleur goût et de l'effet le plus brillant. Pour caractériser chaque modification de ces produits de fantaisie, les fabricans ont épuisé la technologie orientale : de là, les *Pondichéry*, les *Sallamporis*, les *Sumatra*, les *Golconde*, etc., que jamais l'Inde n'eut la pensée de fabriquer.

Afin d'obéir à la mode, qui s'éloignait du genre simple et demandait à l'impression des dessins à effets, des couleurs vives et brillantes; afin de satisfaire en même temps au goût chaque jour plus prononcé des dames françaises pour les étoffes de laine, on a fabriqué des mousselines et des jaconas en pure laine, dont les noms rappellent les tissus analogues en coton. Ces étoffes, adoptées pour les châles et pour les robes, ont fait travailler un grand nombre d'ateliers nouveaux d'impression, à Paris et dans sa banlieue.

La plupart des tissus que nous venons d'énumérer ont pris naissance, et les autres ont acquis un grand développement, depuis la dernière exposition. Ils ont complété l'ensemble des produits qui rendent la laine également indispensable pour les vêtemens d'hommes et de femmes, non-seulement en hiver, mais en été. Ces innovations réunissent les avantages de la salubrité, de l'économie et de la beauté.

BARDEL et NOIRET jeune, à Paris, 51, rue Vieille du Temple. — Médaille de bronze en 1802, 1806, 1819 et 1823, rappel en 1827, médaille d'argent en 1834. — MM. Bardel et Noiret jeune, dont nous aurons à parler plus longuement lorsque nous traiterons des tissus de crin, industrie à laquelle ces messieurs ont fait faire de très-grands progrès, avaient exposé des étoffes de laine sans envers, dites étoffes d'été de Chine et du Bengale : ces produits offrent le brillant et les belles nuances de la soie.

JOURDAN et MORIN, à Paris, 26, rue Notre-Dame-des-Victoires. — Ces habiles fabricans, dont nous aurons à parler lorsque nous traiterons de l'industrie des châles, avaient exposé, outre les articles de leur fabrication habituelle, des tissus de laine, dont le travail,

du meilleur goût, a été généralement admiré, et qui nous paraissent destinés à obtenir le plus grand succès.

SIMON et CIE, à Paris, 2, rue des Fossés-Montmartre. — Médaille de bronze en 1834. — Ces habiles fabricans de châles avaient exposé des tissus de laine pour robes d'un effet charmant. — MM. FORTIER, à Paris, 36, rue Neuve-Saint-Eustache. — LEGRAND, LEMOR, LECREUX et Cie, à Paris, 2, place des Victoires. — LAMBERT BLANCHARD, à Paris, 32, rue Neuve-Saint-Eustache, tous les trois fabricans de châles distingués, avaient exposé, outre les articles de leur fabrication habituelle, les premiers, des pièces de tissus de laine pour ameublement et décoration d'appartement; ces tissus, quoique d'un prix modéré, sont remarquables par leur bonne confection, l'éclat et la variété de leurs dessins et de leurs couleurs; les seconds, MM. Legrand, Lemor, Lecreux et Cie, qui ont obtenu une médaille de bronze en 1819, une médaille d'argent en 1823, rappel en 1827, des tissus laine pure et laine et soie, pour robes, qui ont fait honneur à cette ancienne fabrique; le troisième, M. Lambert Blanchard, des tissus de laine de genres variés, qui ont été généralement admirés.

PAGÈS BALIGOT, à Paris, 9, rue Albouy. — SIVEL, à Paris, 28, rue Neuve-Saint-Eustache. — Tous deux fabricans de châles, avaient exposé, outre les articles de leur fabrication habituelle, le premier, un assortiment très-varié de nouveautés en tissus de laine pour robe et gilets; le second, des tissus de laine remarquables sous le double rapport de l'élégance et de la bonne confection.

TIRET, à Paris, rue des Fossés-Montmartre. — Médaille d'argent en 1834. — EGGLY ROUX et Cie, à Paris, 17, rue de Cléry. — Médaille d'argent en 1827, médaille d'or en 1834. — Le premier avait exposé un assortiment complet d'étoffes de laine pour gilets et pour meubles; le second, des mérinos doubles pour redingotes, des étoffes brochées pour manteaux, des tissus à chaîne de soie et à trame de laine unis et brochés, lisses et croisés, parmi lesquels on a distingué un tissu de satin muni d'une petite armure employée pour mieux lier l'étoffe et pour la rendre plus propre à recevoir la broderie; enfin MM. Eggly Roux et Cie, avaient exposé des châles imprimés sur les divers tissus de leur fabrique. Ces produits à l'aspect qui séduit les yeux réunissent la science de la fabrication qui commande l'admiration des connaisseurs.

PIOT et JOURDAN Frères, à Paris, 9, rue de Cléry. — Étoffes pour meubles et décoration d'appartemens, tissus en laine, soie et laine, imprimés et brochés. — MM. Piot et Jourdan, qui prenaient part cette année, pour la première fois, au concours ouvert en faveur de l'industrie nationale, se sont placés dès leur début aux premiers rangs ; rien n'était plus joli que les divers tissus pour meubles et décoration d'appartemens qu'ils avaient mis à l'exposition : élégance et variété des dessins , éclat et vivacité des couleurs , confection soignée, rien ne manquait aux étoffes exposées par MM. Piot et Jourdan frères, qui, d'un commun accord , ont été trouvées parfaites.

GARRISSON Oncle et Neveu, à Montauban (Tarn-et-Garonne). — Médaille de bronze en 1819, rappel en 1834.—Molleton, ratine bergopzoom, algérienne. —Les prix modérés et la bonne qualité des divers tissus exposés par MM. Garrisson , ont attesté que ces messieurs sont toujours dignes de la réputation distinguée que depuis long-temps ils ont su acquérir.

LEPARQUOIS , à Saint-Lô (Manche). — Mention honorable en 1834 , sous le nom de Lambert , prédécesseur. — Étoffes de laine, échantillons de finette, dite flanelle de Saint-Lô et de Virginie 3/4 fil et laine. — Ces diverses étoffes, d'un tissu fort et d'un prix très-modéré , qui se consomment dans certaines parties de la Bretagne , sont d'une excellente qualité et très-utiles aux classes pauvres.

ANGOT-LEVRARD , à Saint-Lô (Manche); ANGOT GARNIER, aussi à Saint-Lô (Manche). — Ces deux fabricans avaient fait admettre à l'exposition des produits de l'industrie nationale les mêmes articles que M. Leparquois; leurs produits se sont fait remarquer par des qualités à peu près semblables, quoique cependant ils fussent d'une qualité un peu inférieure.

BENOIST MALO et Cᴵᴱ, à Reims (Marne). — Médaille d'argent en 1834. — Etoffes pour gilets, stoffs, fourrures et mérinos double, étoffes pour pantalons, etc., etc. — Cette association , recommandable sous tous les rapports, met en œuvre , avec un égal succès , la laine peignée ou cardée; elle excelle à fabriquer les tissus lisses, tels que les napolitaines et les mousselines de laine ; ses relations commerciales , déjà nombreuses en 1834 , se sont encore augmentées depuis cette époque, et aujourd'hui la maison Benoist Malo et Cᴵᴱ est , sans contredit, une des plus considérables de la cité industrieuse de Reims.

HENRIOT Fils, à Reims (Marne). — Médailles d'argent en 1827 et 1834. — Flanelles et autres tissus. —Cet habile fabricant traite avec succès tous les articles propres à la fabrique de Reims ; nous devons particulièrement signaler parmi les divers articles qu'il avait fait admettre à l'exposition, sa flanelle extra-fine dite *flanelle sèche*, ainsi qu'un nouvel article nommé *Médulienne*, vrai stoff uni de laine rase, sans mélange de soie dans la chaîne, qui pourtant est très-fine ; il a pareillement présenté des châlis (tartans), imités des Anglais et fort bien fabriqués ; en un mot, la fabrique de Reims doit à M. Henriot fils d'utiles innovations.

DAUPHINOT-PÉRARD, à Isles (Marne). — Médaille de bronze en 1834. — Pièces de mérinos. — M. Dauphinot-Pérard est justement estimé pour ses fabrications de tissus ras; la pièce de tissu mérinos écru qu'il a présentée à l'exposition était véritablement remarquable et d'une extrême finesse, puisqu'elle offrait trente-deux croisures par centimètre; la laine peignée de la chaîne et de la trame avait été filée au petit rouet à la main; enfin, cette pièce était un chef-d'œuvre de fabrication, malheureusement trop rare dans le commerce.

WACRENIER-DELVINQUIER, à Roubaix (Nord). — Médaille de bronze en 1834. — Étoffes laine et soie, laine et coton et pur fil. — M. Wacrenier-Delvinquier fabrique des stoffs écrus brochés sur chaîne simple ; c'est une difficulté vaincue que d'exécuter avec régularité sur chaîne simple des tissus de cette espèce, tandis qu'on n'employait ordinairement que des chaînes doubles ; par là, l'on diminue sensiblement le prix de l'étoffe.

PRUS-GRIMONDREZ, à Roubaix (Nord). — Médaille de bronze en 1834. — Bordures damassées en tous genres. — Les tissus damassés de laine pour meubles teints en différentes couleurs, avec des dessins variés, fabriqués par M. Prus-Grimondrez ont été généralement admirés à l'exposition des produits de l'industrie nationale.

GAGELIN et OPIGEZ, à Paris, 93, rue Richelieu. — Étoffes nouvelles pour robes. — Les magasins de MM. Gagelin et Opigez sont depuis long-temps en possession du privilége de fournir à toutes les dames du monde élégant les objets qui constituent une toilette fashionable ; ce n'est qu'à force de patience, de bon goût et d'activité, que les habiles propriétaires de ces vastes magasins, situés au centre et dans le plus beau quartier de la capitale, sont parvenus à acquérir cette haute réputation, qui nous dispense aujourd'hui de faire leur éloge.

GRIOLET (Eugène), à Paris, 11, rue Albouy. — Médaille d'argent en 1827, médaille d'or en 1834. — Avec les produits de son excellente filature, M. Griolet tisse le mérinos et les étoffes nommées *Thibet*, qui sont un mélange de laine et de soie ; les tissus exposés cette année, par cet habile fabricant, ajoutent aux titres déjà nombreux qu'il possède, à l'estime et à la reconnaissance de ses concitoyens.

HENRY AÎNÉ et FILS, à Paris, 13, rue Poissonnière. — Médailles d'argent en 1827 et 1834. — Depuis l'année 1827, MM. Henry aîné et Fils fabriquent, avec succès, les étoffes de laines pour tapisserie ; ils avaient exposé cette année une tenture en damassé de laine, dans le genre anglais d'un très-bel effet.

PRÉVOST (LOUIS-ALEXANDRE), à Paris, 9, avenue Parmentier. — Médaille de bronze en 1827, médaille d'argent en 1834. — M. Prévost avait exposé des tissus de laine ras, confectionnés avec les produits de sa filature, qui ajoutent encore aux titres nombreux qu'il possède.

CROCO et CIE, à Paris, 46, rue de Paradis-Poissonnière.—Médaille d'argent en 1834. — Tissus pour gilets et robes, etc. — M. Croco s'est fait remarquer par la diversité des tissus à chaîne de soie et à trame de laine qu'il a présentés à l'exposition ; on a distingué ses châles légers en gaze et d'autres tissus en pure laine, imitation anglaise désignée sous le nom de *tartan.* On a surtout apprécié sa riche variété d'étoffes à manteaux, brochées, soit à une couleur, soit à plusieurs ; il offrait, entre autres, un tissu triple pour manteau, qui présente à la fois un dessus en laine broché en soie, une doublure en soie adhérente à l'étoffe et dans l'espace intermédiaire, une espèce de ouate formée avec de gros fils de laine.

AUBERT (LOUIS), à Rouen (Seine-Inférieure).—Médaille d'or en 1834.—Diverses étoffes de fantaisie. — M. Aubert se place au premier rang pour l'art avec lequel il met en œuvre la laine peignée longue et lustrée sans mélange. Ses étoffes brochées pour robes et pour manteaux, ses damassés pour meubles, sont distingués à la fois pour le bon goût des dessins et pour la perfection du tissu. Il ne s'est pas moins distingué dans la fabrication des côtelés de laine pour pantalons. Entreprenant, habile, heureux, il a marqué tous ses essais par des réussites complètes. Même en empruntant aux Anglais le damassé de laine et le stoff, il a su créer des genres tout-à-fait nouveaux pour manteaux et pour robes. Signalons ses tissus brochés sur fond lisse et satin, appelés *lieurrines* et *dona-Maria,* imités du stoff, mais plus souples, plus légers, plus brillans : ils répondent mieux aux besoins de la classe moyenne et de la classe opulente. Ce manufacturier consommé traite en grand tous les genres qu'il entreprend ; il possède deux vastes établissemens, l'un à Rouen, l'autre à Lieurrey, département de l'Eure, renfermant deux cent cinquante métiers à la Jacquart ; il emploie de plus cent cinquante métiers en Picardie, autant à Rouen et dans les environs. Il y a sept ans, il appliquait au tissage du coton tous ses métiers ; mais à peine eut-il aperçu l'entraînement des consommateurs vers l'usage de la laine, qu'il résolut de travailler exclusivement cette matière première, si féconde en transformations utiles, et si propre à satisfaire aux besoins les plus simples comme aux exigences du luxe. La fabrique de Rouen lui doit maintenant une industrie nouvelle, inconnue avant lui dans cette ville, et qui compte déjà plusieurs imitateurs.

DEBUCHY (Désiré), à Turcoing (Nord). — Médaille de bronze en 1827, rappel en 1834. — Satins, tissus, étoffes, coutils de diverses espèces et qualités. — M. Désiré Debuchy a exposé les objets ci-après : cinq coupes tissus tout fil de lin, une coupe drap d'été chaîne coton, trame laine, une coupe coutil jaspé fils de lin et de soie. Ces étoffes ont reçu un apprêt sans gomme. Ce fabricant est connu pour la supériorité de ses tissus en tous genres pour pantalons et redingotes. Son établissement, qui compte plus de quinze ans d'existence, occupe trois cents à trois cent cinquante ouvriers ; ses produits se consomment dans l'intérieur de la France, et sont exportés en Italie, en Espagne, en Portugal, en Hollande, en Belgique, en Allemagne, aux États-Unis d'Amérique, à la Nouvelle-Orléans, etc., etc.

Le drap d'été se recommande spécialement par la régularité du tissus, sa finesse, son moelleux, sa solidité.

Nous avons principalement remarqué à l'exposition de M. Debuchy, des tissus tout fil, dits coutils façonnés, et en fil et soie pour pantalons, où une grande souplesse s'unit à la perfection et à la régularité du tissage ; ces étoffes sont apprêtées sans gomme. Nous avons vu aussi, avec beaucoup d'intérêt, la coupe de satin de laine pour redingotes, dont la chaîne est en coton d'un numéro élevé et le tissu d'une beauté, d'une finesse et d'un moelleux remarquable.

MILON MARQUANT, à Reims (Marne). — Mention honorable en 1834. — Laines peignées et mousseline-laine. — Il avait mis à l'exposition, entre autres articles, une coupe de voile écrue. Ce tissu présentait de grandes difficultés. On n'a pu le faire qu'avec des chaînes filées à la main et choisies avec le soin le plus minutieux : sa finesse et sa régularité sont remarquables. Cet article était autrefois un grand objet d'importation pour l'Espagne : on ne peut qu'applaudir à des efforts qui tendent à nous rouvrir cette source de richesse commerciale.

HENRIOT Frère, Sœur et Cie, à Reims (Marne). — Médaille d'or en 1827, rappel en 1834. — Étoffes de laine, nouveautés en tous genres. — Ils ont exposé : 1° des flanelles croisées et lisses, en laine peignée ; 2° des flanelles dont la chaîne seule est peignée, ces tissus coûtent de 4 à 9 fr. ; 3° des mérinos à chaîne double et simple ; 4° des napolitaines ; 5° des casimirs de fantaisie. Par la beauté et par la constante régularité de leurs étoffes, ces manufacturiers justifient la haute réputation dont ils jouissent depuis long-temps dans le commerce.

LECLERC-ALLART , à Reims (Marne). — Médaille d'argent en 1834. — Flanelles assorties. — Les flanelles de ce fabricant sont estimées dans le commerce, ainsi que ses napolitaines, qu'il a rendues plus économiques de 6 à 8 p. °/₀ en les tissant en *gras ;* pour arriver à ce résultat, il fallait vaincre des difficultés qu'il a surmontées avec habileté.

COCHETEUX (FLORENTIN), à Paris, 9, rue du Mail. — Tissus divers pure laine , laine et coton , laine et soie. — DAVID , à Paris , 1 , rue Saint-Fiacre. — Mention honorable en 1283. — Tissus laine et soie pour l'impression.— MOUILLI (PIERRE), à Cugand (Vendée). — Serge croisée bronze , bleue et gris savon. — DURAND-CAILLE, à Cugand (Vendée). — Serge croisée rouge, mélangée de bleu , bleue et gris terne. — BOURGEOIS-DUCHEZ, à Felletin (Creuse). — Échantillons d'étoffes de laine , flanelle, droguets , etc. — MORIN et Cᴵᴱ, à Dieu-le-Fit (Drôme). — Mérinos , molletons , écheveaux de laine , étoffes de laine, dites Amazones. — CHABRIÈRES , à Crest (Drôme). — Étoffes de laine croisée , dite Marègue , d'un tissu perfectionné. — DUGUÉ FRÈRES, à Nogent-le-Rotrou (Eure-et-Loir). — Burat pour mantille écru, voile de religieuses, burnous ordinaire des Arabes , ceintures arabes. Ces deux derniers articles de l'exposition de MM. Dugué frères commencent à devenir de mode et remplacent avantageusement le peignoir, dont, jusqu'à ce jour, s'étaient servi les amateurs de la natation. — DUBOIS , à Fougères (ile-et-Vilaine). — Flanelles rayées de diverses couleurs. — BERNOVILLE FRÈRES, à Saint-Quentin (Aisne). — Beaux coupons et échantillons de mousseline-laine. — JARDIN (CH.), à Saint-Quentin (Aisne). — Mousseline laine pure , écrue , échantillons. — LAZARE ARON, à Metz (Moselle). — Flanelle et molleton d'une belle et bonne qualité. — BOYER AÎNÉ, à Limoges (Haute-Vienne). — Mention honorable en 1827 et 1834. — Echantillons de flanelles de qualités et de prix différens. — LAPORTE FRÈRES, à Limoges (Haute-Vienne).— Échantillons de flanelles de qualités et de prix différens. — BOUDET AÎNÉ, à Limoges (Haute-Vienne). — Droguets et flanelles de qualités et de prix différens , fabriqués avec les laines du pays ; beaux échantillons. — PIERQUIN-GRANDIN , 'à Reims (Marne) — Flanelles lisses-croisées, dites *Bolivar ;* assortiment bien composé. — DEGRANDEL, à Roubaix (Nord). — Étoffes de laine damassées d'une bonne fabrication. — DELATTRE (HENRI) à Roubaix (Nord). — Stoffs et damassés d'une fabrication perfectionnée. — DENAINT-FLORIN (Mᵐᵉ Vᵉ), à Roubaix (Nord). — Stoff , échantillons divers. — CAILLEUX (Mᵐᵉ Vᵉ) et LANNOY, à Amiens (Somme). — Étoffes diverses de modes d'une fabrication soignée. — PONCHE BELLET, à Amiens (Somme). — Étoffes diverses de laine pour robes et tabliers.—GABRIEL et RAVAISSE, à Lyon (Rhône).—Étoffes diverses en laine et en coton. — LECREUX, à Amiens (Somme). — Mousseline-laine brochée, étoffes diverses. — HAZARD FRÈRES, à Rouen (Seine-Inférieure). — Mousseline-laine et autres étoffes. — BONRAISIN-TILLAULT et Cⁱᵉ, à Nantes (Loire-Inférieure). — Coutil sur laine , droguets , flanelles rayées , etc.

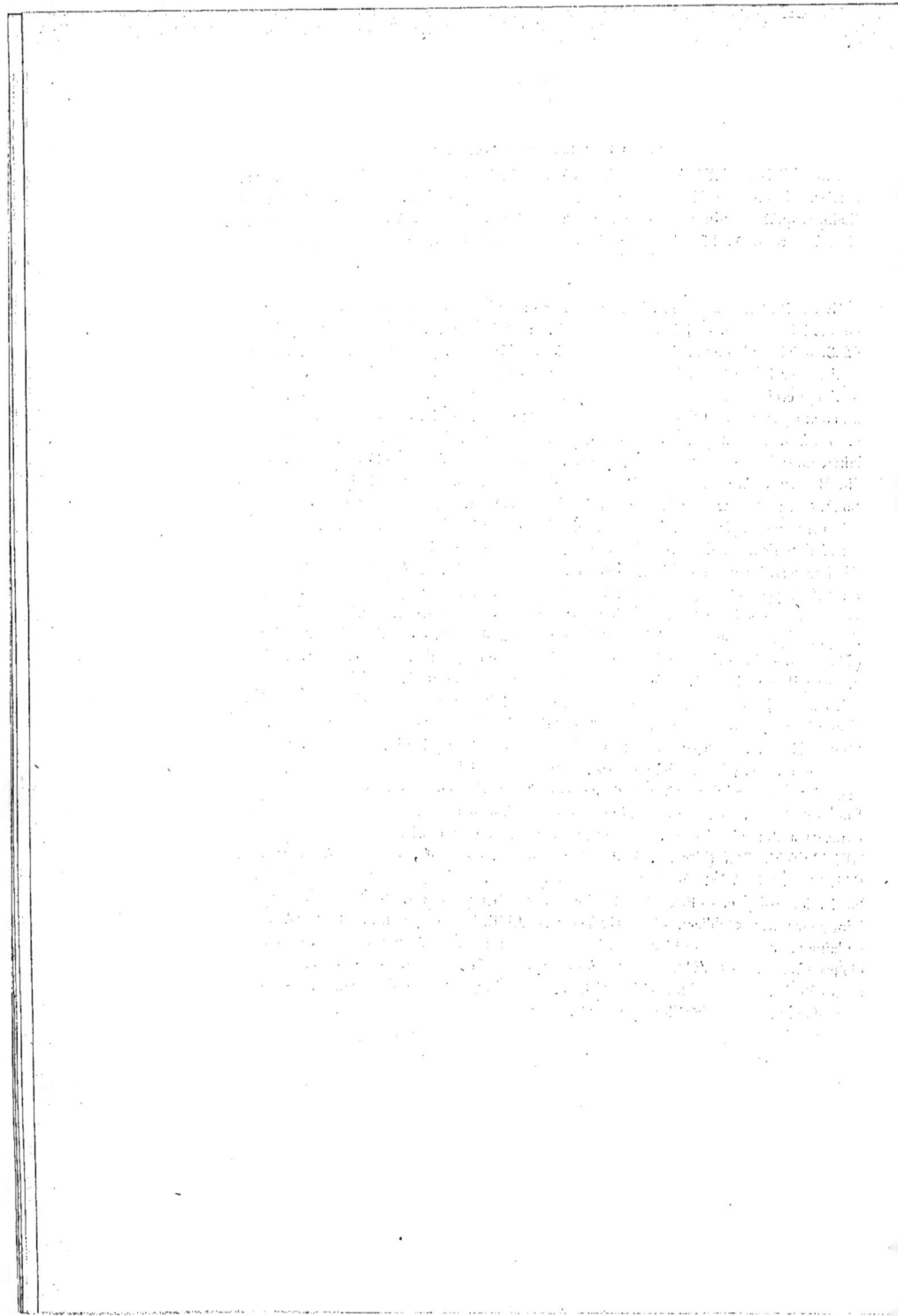

CHAPITRE DEUXIÈME.

CACHEMIRE ET SES IMITATIONS.

–⊹–

SECTION PREMIÈRE.

FILAGE.

Depuis 1827, les progrès du filage sont aussi grands pour le duvet de cachemire que pour la toison des bêtes à laine ; c'est au perfectionnement des moyens mécaniques qu'il faut rapporter ces progrès. Aujourd'hui l'on file avec plus de régularité, l'on obtient plus de nerf et d'égalité non-seulement pour les numéros dont on faisait usage il y a sept ans, mais pour des numéros beaucoup plus élevés, et ces produits sont exécutés avec une diminution de 25 à 30 p. °/₀ sur les prix de 1827. Il a fallu d'aussi grands résultats pour que les tissus de cachemire soutinssent la concurrence contre les tissus nouveaux, si variés et si nombreux, obtenus par le mélange de la laine et de la soie, à des prix de plus en plus économiques. En définitive, les filatures de duvet cachemire se sont multipliées. Comme elles travaillent à la fois pour les fabricans de cachemire pur ou de cachemire mélangé de bourre de soie (c'est le châle indou), la masse de leurs produits est plus considérable que jamais.

HINDENLANG Fils aîné , à Paris , 15, rue des Vinaigriers.— Médailles d'or en 1823,
1827 et 1834. — Cette filature conserve toujours la place distinguée qu'elle a conquise
dès 1823; pour constater la qualité supérieure de ses fils , même dans les numéros les plus
élevés ; elle a fait tisser une coupe de cachemire avec de la chaîne simple n° 130 et de la
trame n° 228; rien n'était plus beau que ce tissu; en un mot, les produits de M. Hindenlang fils aîné ont réuni tous les suffrages , et cet habile fabricant, cette année comme les
précédentes, s'est montré digne de sa haute position industrielle qui , dès 1834 , lui a valu
la croix de chevalier de la Légion-d'Honneur.

BIÈTRY, à Villepreux (Seine-et-Oise). — En commençant par être simple ouvrier ,
M. Biètry, grace à son esprit d'ordre et d'économie, à ses efforts persévérans, à son génie
industriel, a pris place depuis long-temps aux premiers rangs parmi les filateurs de cachemire ; depuis 1827, sa fabrique offre un accroissement considérable et s'est toujours ,
depuis cette époque, de plus en plus élevée dans l'estime des praticiens. Le jury de l'exposition des produits de l'industrie nationale lui décernait, en 1834, la première médaille d'or,
en faisant un appel à l'émulation et à l'espérance de tous ses anciens camarades , les ouvriers français ; depuis cette époque, M. Biètry, qui a apporté de nouveaux perfectionnemens à la branche d'industrie qu'il cultive , a été nommé, par le roi, chevalier de la Légion-
d'Honneur.

POSSOT, à Paris , 19, rue des Vinaigriers. — Médaille d'argent en 1834. — La filature
de M. Possot est très-estimée; elle est régulière, nette et brillante ; il a présenté des tissus
très-unis et bien épluchés ; il excelle surtout dans les tissus blancs.

Outre les produits des fabricans que nous venons de nommer , on a encore remarqué, à
l'exposition des produits de l'industrie nationale , ceux de plusieurs filateurs de fils de cachemire qui, bien qu'inférieurs en qualité, n'étaient pas cependant dépourvus de mérite ;
au reste , on a pu tirer de l'examen de cette partie de l'exposition, cette conclusion toute
favorable à l'état actuel de notre commerce et de notre industrie , qu'à l'époque où nous
sommes arrivés, on file mieux , plus fin et à meilleur marché , qu'il y a quelque temps : ces
divers progrès, que nous sommes heureux de pouvoir signaler , nous espérons les voir
s'augmenter encore.

SECTION II.

CHALES.

Le châle, est une sorte de vêtement long ou carré qui, dans l'Orient, sert, aux deux sexes, de turban, de manteau et de ceinture; aux maisons opulentes, de tapis et de tenture, et qui, en Europe entre dans la parure des femmes, comme voile ou mantelet. Ce nom, tiré du langage hindoustani, et dérivé du samskrit, *chala*, se prononce de la même manière dans les diverses langues de l'Europe, quoique les Anglais l'écrivent *shaul* ou *shall*, les Allemands *schall* et les Italiens *sciale*. Son orthographe est enfin fixée et c'est sous le nom de *châle* qu'il va figurer dans la nouvelle édition du dictionnaire de l'Académie Française. La fabrication des châles doit être fort ancienne; car le tissage des étoffes remonte, chez les nations de l'Asie, aux temps les plus reculés. Le riche voile de Sara, femme d'Abraham, les voiles ou manteaux de Thamar et de Ruth, cités dans la Bible, le précieux manteau décrit par Aristophane dans sa comédie des *Guêpes*, et peut-être les seindons de Babylone étaient-ils de véritables châles. Or comme l'Asie a été la première partie du monde habitée et civilisée, et que l'Inde a toujours été la plus belle, la plus riche et la plus industrieuse contrée de l'Asie, il est évident que c'est dans l'Inde que les premiers châles ont été fabriqués, et qu'ils y ont pris leur nom. Il est indubitable aussi que la laine et le poil des animaux ont été les premières matières employées dans le tissage des étoffes, long-temps avant le chanvre, le lin, le coton et la soie, de même qu'elles furent également les premières trempées dans la teinture, et puisque c'est dans le nord de l'Inde, dans le Thibet et dans les autres parties de la haute Asie que se trouvent de temps immémorial les plus belles laines, les poils et les duvets les plus fins d'animaux, nul doute encore que ce ne soit là où l'on a su, où l'on a dû le plus anciennement les mettre en œuvre. C'est à Serinnagor, capitale du Cachemire, qu'est la principale fabrication des châles, et de là vient le nom vulgaire de *cachemire* qu'on leur a donné. Mais quelle est la matière primitive des châles? est-ce la laine des moutons? est-ce le poil de quelques espèces particulières de chèvres ou de chameaux? les voyageurs, les historiens, les érudits, les fabricans, sont divisés sur cette question, qui après trois siècles n'en est pas plus avancée; ce qui paraît du moins certain, c'est que chacune de ces matières est exclusivement employée à la fabrication des châles suivant les localités, et que de là provient la différence dans les qualités, et dans les prix de ces superbes tissus. Ainsi, la toison laine des moutons de Cachemire semble fournir la matière la plus fine, et par conséquent les plus beaux châles. Les chèvres du Thibet, du Kerman, d'Angora, des pays voisins du Caucase et de la mer Noire donnent un duvet plus ou moins doux, qui sert à faire des châles dont quelques-uns égalent, dit-on, ceux de Cachemire. Viendraient ensuite les châles fabriqués avec le poil des chameaux de la Grande Bucharie, du Korasan et d'autres contrées de l'Asie. Le voyageur Legoux de Flaix assure même que les plus beaux châles de l'Inde sont faits avec le poil des dromadaires ; mais son assertion est contredite par celle de plusieurs voyageurs anglais, et les observations les plus récentes sembleraient démontrer que certaines petites chèvres particulières au Thibet fournissent ce fin duvet exclusivement vendu aux négocians cachemiriens qui fabriquent les châles. La majorité des voix est pour les chèvres ; mais les plus prépondérantes sont pour les moutons. De toutes les opinions émises à ce sujet, la plus insoutenable est celle de Volney, qui prétend qu'on emploie la laine des agneaux arrachés du ventre de leurs mères. Si un moyen aussi barbare et aussi destructif eut été mis en usage depuis trois ou quatre mille ans que l'on fait des châles dans la haute Asie, la race des moutons n'existerait plus dans aucune contrée de l'univers. Le climat et la nourriture contribuent à rendre plus soyeux le poil et la laine des animaux de l'Asie centrale qui, transplantés sous une latitude plus chaude, dans le Bengale ou autres provinces de l'Inde ou de la Perse, ne tardent pas à dégénérer ; les moyens, les ingrédiens employés au dégraissage de ces matières doivent ajouter à leur perfection. Mais tout ce qui concerne la fabrication des châles de Cachemire, le mécanisme de la filature et du tissage, la forme des métiers ; les procédés relatifs à la nuance des couleurs, à la symétrie du dessin, des fleurs, des palmes, tant pour le fond que pour les bordures, est encore un mystère non moins impénétrable que celui de la matière primitive, et que n'ont pu découvrir ni Bernier, Forster et Legoux, qui ont visité le Cachemire, ni les voyageurs plus modernes qui ont parcouru l'Inde ; aucun d'eux, à la vérité, n'y a mis assez d'importance parce qu'il n'était pas du métier. Ce qu'il y a de positif, c'est que les plus grands et les plus beaux châles, surtout les longs, sont faits par deux ouvriers et en deux morceaux joints ensemble par une reprise fort adroite, ainsi que les superbes et larges bordures qu'on y adapte. Il n'y a d'une seule pièce que les châles carrés, plus petits et à bordure étroite ; du reste, plusieurs sont, à la lettre, faits de pièces et de morceaux, dont les dessins sont disparates, mal assortis, et les sutures désagréablement visibles à l'œil le moins exercé. Mais ces défauts, l'imperfection de certains tissus plus rares dans les châles de Cachemire que dans ceux des autres parties de l'Inde ; des taches, des trous mal raccommodés, ne sont pas des titres d'exclusion de la part des dames françaises, des Parisiennes surtout, pour qui rien n'est beau que ce qui vient de loin. Cet engouement va chez elles jusqu'à leur faire surmonter la répugnance qu'elles devraient éprouver à porter des étoffes qui ont ceint la tête suante de quelque officier mogol ou maratte, enveloppé le corps malsain de quelque bayadère au sortir du bain, ou appartenu à quelque famille de pestiférés ; en effet, les châles qui viennent du Levant ont été, dit-on, portés et usés plus ou moins. Neufs, ils sont couverts d'un duvet qui les rend semblables à la peluche, et leur tissu ne paraît beau qu'après la chute de ce duvet. Toutefois, ces faits ne sont pas démentis par les marchands, mais ce ne serait rien encore que de porter la défroque d'un bramine ou d'un musulman ; passionnées pour les châles de l'Inde, mais toujours entraînées par leur inconstance et le caprice du moment, nos élégantes en achètent, en vendent, en échangent aux revendeuses à la toilette et à certains marchands spéciaux, qui ne sont, en résultat, que des fripiers cordons-bleus, et qui, pour ne pas crier les vieux châles comme les vieux habits, ne laissent pas d'acheter la dépouille des vivans et des morts. Une dame mourut d'une horrible maladie, et ne se sépara qu'après son dernier soupir d'un châle magnifique dont elle raffolait. Ce châle fut vendu fort cher, et Dieu sait sur les épaulés de combien de malheureuses il a passé! nous avons connu une autre dame qui, mourant d'un cancer, a voulu être ensevelie et enterrée avec les châles que ses filles lui avait donnés. Mais cet exemple a dû trouver peu d'imitateurs, qui sait si ce n'est pas à la coquetterie et à la légèreté du beau sexe d'Europe et de France et à la cupidité des possesseurs, des héritiers et même des voleurs de châles, que nous devons les ravages effrayans de la phthisie pulmonaire et l'invasion du *choléra morbus?*

Il y a cinquante ans à peine que les châles du Cachemire n'étaient connus en France que de réputation, et d'après les relations des voyageurs. Les femmes de nos ambassadeurs à Constantinople, de nos consuls dans les échelles du Levant, qui pouvaient en avoir reçu en présens, les gardaient comme de simples objets de curiosités. Il en fut de même de ceux que les ambassadeurs de Tippo laissèrent à Paris, en 1787. Legoux de Flaix en apporta, en 1788, mais les dames auxquelles il en fit hommage les dédaignèrent, au point de les regarder comme de la serge bonne tout au plus à doubler des robes. D'autres en firent des robes de chambre, des dressoirs sur lesquels on repassait le linge, des tapis de pieds......
Quels étaient donc les châles qui, vers la fin du dernier siècle, couvraient les épaules et la poitrine de nos petites maîtresses? des fichus de mousseline unie ou imprimée, des écharpes en soie et coton, en gaze, à bordures satinées, et plus tard des mouchoirs carrés ou longs, mais étroits, en laine assez grossière, unis et à petits bouquets. C'est avec de pareilles guenilles, dont la plus distinguée ne valait pas un louis, et qu'on n'oserait pas offrir aujourd'hui à une servante, à une revendeuse, que se couvraient, en grelottant, les élégantes qui sortaient du bal. Ces châles ne pouvaient guère les préserver du froid, avec leurs robes légères à la grecque, à manches courtes et collantes, sans doublure, sans corset, sans jupon, et quelquefois sans chemise; mais il était alors de bon ton de se geler et de n'être pas vêtues en public. Les manchons, les pelisses étaient oubliées ou mangées par les teignes: les manteaux encore inconnus. Le petit châle tenait lieu de tout pour le dehors. La douillette ouattée était réservée pour le boudoir et pour le coin du feu. Quelques femmes prudentes l'endossaient cependant en revenant de soirée. L'expédition d'Égypte fit connaître davantage les châles de l'Inde en introduisit la mode, et si l'élévation des prix empêcha que l'usage en devint général, elle contribua aux progrès de l'industrie et donna naissance aux nouvelles manufactures, dont le nombre s'est si fort multiplié depuis dans toute la France; les fabricans de gaze furent les premiers qui firent des châles, et les ouvriers gaziers se trouvèrent propres pour ce nouveau genre d'industrie. Ce fut à l'exposition publique de 1801, qu'on étala les premiers essais brochés en deux ou trois couleurs, imitation bien faible des châles de Cachemire. Alors aussi parurent les châles de Vienne, plus brillans, et imprimés à six ou sept couleurs sur un tissu de coton, à fond croisé. Leur succès stimula les fabricans français, qui parvinrent à les imiter. En 1804 et 1805, on vit les premiers châles soie et laine, imitant les dessins des cachemires. L'exposition publique au pa-

lais Bourbon, en 1806, montra un châle de cinq quarts carré, à bordure de dix-huit lignes, orné d'une rosace au milieu, et un châle long, soie et laine, fond blanc avec bordure de neuf lignes, et aux deux extrémités des palmes hautes de neuf pouces. On chercha dès-lors à perfectionner la filature des laines; l'émulation gagna toutes les parties de la France; un superbe cachemire français fut admiré à l'exposition de 1819, mais l'inconstance et la bizarrerie du goût des femmes sur les choix des fleurs, arrêta les progrès des fabricans dans l'imitation de ce genre de dessin. Si les dames de l'Inde étaient aussi légères, aussi capricieuses, que les Françaises, il y a long-temps que les cachemires seraient passés de mode, et nous n'en parlerions pas comme de l'histoire ancienne. Nous admirons donc le courage des manufacturiers français qui exposent des capitaux immenses à perfectionner, à varier, à multiplier, les produits d'une branche qui causerait leur ruine, si l'usage de ces produits, comme celui de tant d'autres, venaient à tomber en désuétude. Après le coton, la soie et la laine de mérinos, on s'était avisé d'employer, dans les cachemires français, le duvet de certaines chèvres qu'on achète en Russie. En 1819, M. Amédée Jaubert, qui n'est pas un orientaliste de cabinet, fit un voyage entre la mer Noire et la mer Caspienne, afin d'y acheter, pour le compte de M. Ternaux aîné, un nombreux troupeau de la race des chèvres qui paissent dans les steppes des Kirguis, non loin d'Astrakan. La spéculation n'a pas réussi. Le gouvernement qui y était intéressé y a perdu 300,000 francs. Ces animaux, que des mystificateurs ont fait passer pour des chèvres du Thibet, n'ont pas prospéré en France; comme ils donnaient à peine 30 sous de duvet par an, ce qui était loin de dédommager de ce que coûtait leur entretien, on y a renoncé, et l'on a préféré tirer directement de la Russie le duvet de ces chèvres, qui a contribué à rendre plus parfaite la fabrication de nos châles. Les progrès ont continué et aujourd'hui les produits de nos manufactures égalent presqu'en finesse ceux qui viennent de l'Inde, les surpassent pour l'élégance et la variété des dessins, et coûtent dix ou douze fois moins cher. L'exposition de 1839 doit achever de convaincre de ces faits les plus incrédules. On a imité aussi les cachemires avec des tissus en bourre de soie, à Nîmes, à Lyon, à Saint-Quentin; on en a imprimé à Rouen, à Jouy et dans diverses parties de la France et de l'Allemagne; on en a aussi brodé et broché. Assez, et trop long-temps, on a estimé les choses suivant le prix qu'elles coûtent et les hommes en porportion de leurs richesses. Espérons donc que nos dames, renonçant enfin à se parer des vieilles et infectes friperies de l'Inde, donneront une constante préférence aux châles que la galanterie de nos fabricans embellit toujours pour elles. Les cachemires font aujourd'hui partie intégrante et obligée des corbeilles de mariage. Riche ou pauvre, un prétendu ne peut guère se dispenser d'en acheter deux ou trois; souvent il les paie avec la dote qu'il reçoit, ou il s'endette pour satisfaire le marchand; dans tous les cas, la femme est dupe de sa propre vanité. La dépense sera moins forte et les dangers moins graves, sous les rapports financiers et sanitaires, si, laissant à l'opulence les cachemires neufs de l'Inde, les fortunes médiocres savent se borner irrévocablement aux châles français. Mais il est une observation que nous nous reprocherions de ne pas adresser au beau sexe, dussions-nous par notre franchise contrarier ses préjugés et blesser son amour-propre. La première femme qu'on ait vu à Paris avec un châle de Cachemire, fut Mme Emile Gaudin, depuis duchesse de Gaëte, grande et belle, et Grecque de naissance ; elle portait avec autant de noblesse que de grace ce tissu précieux, fort convenable d'ailleurs au costume de nos dames à cette époque (1801). Les grands châles n'étaient pas aussi séans aux petites femmes. Mais aujourd'hui que toutes sont engoncées par les énormes pièces de rapport, qui grossissent ridiculement leurs épaules et leurs hanches, le châle cachemire de l'Inde ou de France, quand il est d'une certaine ampleur, les écrase. Il y a incompatibilité entre les châles et les manches à gigots ou à ballons. Il faut opter, et les Parisiennes ont trop de goût pour ne pas renoncer à ces dernières, dont la mode dure déjà depuis une dixaine d'années, chose sans exemple. — Nous n'entrerons pas dans le détail technique des procédés de la fabrication des châles français. Nous nous bornerons à rapporter les faits suivans : dans toute la France on fait des châles soie et laine, soie et coton, laine et coton, mérinos, bourre de soie, etc. Ce n'est qu'à Paris que l'on fabrique les châles imitant les cachemires ; mais les ouvriers qu'on y emploie résident dans un rayon de trente à quarante lieues autour de la capitale. L'unique matière qui entre dans ces tissus, est le duvet blanc et soyeux que les chèvres donnent en abondance et à bon marché dans le pays des Kirguis. Ce duvet arrive par balles des ports de la Russie méridionale, où les fabricans européens le font acheter. M. Bellanger ayant découvert ce duvet, employé dans la chapellerie, fut le premier qui sut l'utiliser pour les châles, et, grace à lui, Paris devint une ville manufacturière. D'autres aussi se sont distingués dans cette branche d'industrie, ce sont MM. Lagorce, Ternaux, Renouard, Collin et J. Rey, auteur d'un livre fort curieux, publié, en 1823, sous ce titre : *Essai sur l'histoire des châles*, qui a été notre principal guide pour la rédaction de cet article. Nous citerons encore MM. Bosquillon, Gaussin, Hébert, Deneirouse, qui ont exposé, en 1834, des essais magnifiques qu'il leur serait impossible de livrer à des prix raisonnables sans l'espoir de se récupérer sur la quantité des frais énormes qu'ils ont déboursés. Le dessin seul d'un superbe châle que la reine vient d'acheter 1,000 francs, en avait coûté 5,000. Nous ajouterons qu'autrefois la finesse et la beauté d'un châle de l'Inde étaient constatées quand ils passaient dans l'anneau d'une bague. C'était probablement avant qu'il y eût de larges bordures. Les plus beaux cachemires indiens ou français ne soutiendraient pas aujourd'hui cette épreuve : les châles de France, qui ressemblent le plus à ceux de l'Inde, sont aujourd'hui de deux sortes ; les uns faits au lancé, soit à la tire, soit à la Jacquart, métier inventé par le célèbre Vaucanson. On les appelle cachemires français ou brochés, ils sont découpés, c'est-à-dire privés de ces longs fils qui forment l'envers de la brochure. Les seconds nommés châles de l'Inde, comme s'ils en étaient réellement, sont plus chers que les premiers ; on les brode par un procédé qui ressemble au travail de la tapisserie et de la dentelle, et qui s'appelle espoulinage, à cause des petites navettes ou espoulines dont on se sert.

L'introduction des cachemires de l'Inde, long-temps prohibée, vient d'être levée par une ordonnance royale, qui l'autorise, moyennant un droit de 20 p. %. Les fabricans se plaignent de cette mesure, les marchands trouvent le droit exhorbitant ; il ne leur en coûtait que 10 p. % pour les faire entrer en France par contrebande. L'avenir nous apprendra si l'industrie française aura souffert ou gagné à cette concurrence.

Un fabricant lyonnais a conçu l'heureuse idée d'unir à l'espoulinage les effets du métier Jacquart; ses châles, imités en cela du vrai cachemire, n'ont pas besoin d'être découpés à l'envers. Mais il existe une grande différence entre les deux procédés. Dans le travail indien la fleur et le fond se font au fuseau, par le moyen d'un crochetage qui les rend pour ainsi dire indépendans de la chaîne. Dans le travail lyonnais, la mécanique lève les fils de la chaîne, le fuseau broche et la fleur est liée à la chaîne par les coups de trame lancés dans toute la largeur. On épargne ainsi beaucoup de main-d'œuvre; on fait illusion à l'œil, et les châles qu'on obtient ne coûtent guère plus cher qu'au lancé. Ce procédé cependant est borné dans les effets qu'il peut produire; mais c'est un premier pas dans une voie où l'on doit espérer de grandes améliorations.

Quant aux châles faits au lancé, par l'application de la mécanique au découpage des fils superflus de la trame, qui constituent l'envers du broché, l'on donne à ce genre de tissu une souplesse, une légèreté, toutes nouvelles : un tel perfectionnement en a multiplié l'usage.

Considérés, relativement à la matière, les châles français offrent trois classes bien distinctes, appartenant aux fabriques spéciales de Paris, de Lyon, de Nîmes.

Paris confectionne le cachemire français proprement dit, celui dont la chaîne et la trame sont en pur fil de cachemire. Ce châle reproduit avec fidélité les dessins et les nuances du châle indien sur lequel il est calqué : l'illusion serait complète si la vue de l'envers découpé ne la faisait cesser. Quels que soient la richesse du dessin oriental, la variété, l'éclat, les oppositions des couleurs, l'ouvrier parisien peut tout essayer et réussir à tout. S'il ne connaît plus de bornes à ses succès, comme à ses tentatives, c'est que la fabrication a reçu, depuis quelques années, des perfectionnemens essentiels. D'heureuses innovations dans la disposition des métiers et l'application du système de Jacquart, une mise en carte mieux entendue, ont permis de réduire la moitié sur les coups de trame, et les trois quarts sur le jeu des fils de chaîne, de manière à pouvoir exécuter des dessins d'une seule répétition, ayant cent trente centimètres, sans plus de frais qu'il n'en avait coûté précédemment pour un dessin de vingt-six centimètres.

Le châle indou, qui se fabrique également à Paris, ne se distingue du cachemire français que par la chaîne qui est en fil bourre de soie, matière plus facile à travailler et plus économique. On ajoute à cette économie en diminuant le nombre des couleurs et en donnant une moindre réduction au tissu. Les résultats de ce bon marché sont une préférence générale, en France, sur le châle de laine, qui n'a plus guère que la ressource de l'exportation : cette exportation surpasse annuellement la valeur de 2,500,000 francs.

Lyon a fait les plus grands progrès dans la fabrication des châles. Cette ville a créé les châles de bourre de soie; elle excelle dans le tissu des châles thibet, où la trame est un mélange de laine et de bourre de soie; elle exécute aussi le châle indou, qu'elle imite parfaitement.

Nîmes a fait d'autres progrès non moins dignes d'éloges. On ne saurait pousser plus loin l'art de produire des effets avec des moyens simples et peu coûteux; c'est cet art ingénieux qui rend les produits de Nîmes si propres à des exportations chaque année plus considérables. En même temps , cette ville rivalise avec Lyon et Paris pour la consommation intérieure, tantôt par des genres simples et de bon goût, tantôt par des genres à effets , heureusement combinés. Mais son caractère et son grand moyen de séduction, seront toujours le bon marché. Elle emploie, pour ses châles, la bourre de soie pure, le thibet et le coton ; un petit nombre de ses fabricans fait encore des châles en laine pour l'étranger et pour quelques départemens.

Si l'on compare, dans son ensemble, la fabrication des châles en 1827, 1834 et 1839, on reconnaîtra ses vastes progrès, manifestés par la perfection du travail et par l'abaissement des prix, qui, dans les qualités égales, sont descendus de 30 à 40 p. °/₀ depuis sept années. Si les prix indicateurs de chaque fabrique sont restés les mêmes , c'est que les produits correspondans sont beaucoup plus riches et beaucoup plus beaux.

Parmi les industries qui font honneur à la France, la fabrication des châles est une de celles qui peuvent, à juste titre, nous inspirer le plus d'orgueil. Dans toutes les parties du monde, sans en excepter l'Angleterre, nos châles français obtiennent la préférence sur ceux des peuples rivaux.

EXPORTATION DES CHALES :

	1831.	1832.	1833.
En laine.	1,863,147 fr.	2,070,926 fr.	4,319,601 fr.
En duvet de cachemire.	433,410	655,200	609,900
En bourre de soie. . . .	247,520	. . . .	. . . .
En fleuret.	401,856	351,152	408,824
Totaux. . . .	2,945,933 fr.	3,117,278 fr.	5,333,325 fr.

FABRIQUE DE PARIS.

DENEIROUSE et Cⁱᵉ, à Paris, 16 , rue des Fossés-Montmartre. — Médaille d'or en 1827, rappel en 1834. — Châles cachemires français. — M. Deneirouse s'est présenté à l'exposition avec deux perfectionnemens d'une haute importance. En entrant dans sa belle fabrique de Corbeil , il reçoit de ses nombreux ouvriers les preuves touchantes d'une tendre sympathie, d'une reconnaissance sans bornes, pour les cours qu'il a établis dans sa maison, pour la douceur et l'indulgence avec lesquelles il traite cette famille dont il s'est fait le père. Ah ! si tous les chefs de fabriques, en France , voulaient suivre d'aussi nobles exemples , s'ils se décidaient à ouvrir les yeux et à comprendre la mission que leur donnent les circonstances politiques où s'agite notre pays , non-seulement de légers sacrifices de temps et d'argent , seraient vite et largement compensés par plus de zèle et d'affection, le meilleur de tous les mobiles en fait de services utiles ; mais encore ils neutraliseraient sans efforts des maux contre lesquels il n'y a peut-être point d'autre remède ; ils changeraient les menaces de l'a-

T. I.   8

venir en promesses de paix et de bonheur. Il nous est doux de le dire à qui sait nous comprendre, nous qui voyons en industrie autre chose que du fil et de la toile, il nous est doux d'affirmer, après des investigations personnelles et multipliées, qu'un très-grand nombre de manufacturiers entrent déjà dans la voie généreuse qu'il suffit d'ouvrir à l'esprit français, pour qu'il s'y précipite avec sa grandeur et sa noblesse séculaires.

Les perfectionnemens dont nous avons parlé, et qui appartiennent à M. Deneirouse, sont, d'une part, l'impression sur chaîne et sur métier, pour donner plus d'harmonie au broché des châles et obtenir des effets plus vifs en couleur : ce que, dans l'état actuel du travail, on arrive difficilement à atteindre. D'un autre côté, le châle dit *indou*, formé d'un mélange de laine et de soie, est arrivé à une si belle perfection qu'il trompe les yeux peu exercés et facilite d'indignes tromperies dans la vente : le consommateur de bonne foi croit avoir acheté un châle en tissu de cachemire pur, et trop souvent c'est un indou qu'il a payé fort cher. M. Deneirouse, au moyen d'un procédé de tissage fort difficile à décrire et à comprendre sans avoir l'étoffe sous les yeux, donne au tissu de cachemire un caractère spécial que l'indou ne peut s'approprier, et qui établit entre eux une ligne de démarcation fortement arrêtée. Le procédé de M. Deneirouse n'augmente en rien les frais de fabrication; il est probable même qu'il pourra les diminuer. A vrai dire, voilà le seul progrès positif qu'ait fait l'industrie des châles, si ce n'est une plus belle régularité de tissus qu'on remarque dans toutes les cases, une meilleure entente de couleur dans quelques-unes, et la diminution dans les prix, comparés à ceux de l'exposition de 1834.

GIRARD, à Sèvres (Seine-et-Oise). — Médaille d'argent en 1827, médaille d'or en 1834. — M. Girard est un de nos fabricans de châles qui ont maintenu, dans toute sa supériorité, la fabrique de Paris; M. Girard se retranche exclusivement dans le spoliné, genre de broché au fuseau, qui, au mérite d'une imitation pour ainsi dire mathématique du travail indien, joint celui d'une solidité et d'une durée sans bornes; ajoutons que ce magnifique travail appartient surtout aux enfans et aux femmes, ce qui est tout-à-fait digne d'intérêt. Le vénérable M. Girard a passé ainsi sa vie entière à créer, dans plusieurs départemens, trois ou quatre industries, où les femmes et les enfans trouvent une occupation lucrative. Le pays ne saurait se montrer trop reconnaissant pour de tels services.

. GAUSSEN aîné, à Paris, 2, place des Victoires. — Médaille d'or en 1823, rappel en 1834. — Châles cachemires français. — M. Gaussen a exposé un châle fort curieux, qui a provoqué l'admiration des uns, une critique très-vive de la part des autres, peut-être même de la satire ; ce châle, artistement dessiné par M. Couder (1), notre premier dessinateur in-

(1) Nous avons toute une histoire à raconter à nos lecteurs à propos de ce châle :
Un artiste, dont l'imagination est vive, féconde, poétique, ardente, M. Couder, le frère du peintre célèbre, a fait un dessin qui représente la fête du *Nou-rour*, en Perse, dans le palais même d'Ispahan. C'est le jour du nouvel an, c'est aussi la fête des fleurs. Au

dustriel, représente une fête orientale avec de nombreux personnages, des animaux et des arbres. C'est de la tapisserie en miniature, fine, délicate, d'une haute habileté d'exécution. Au reste, les éloges que nous prodiguons à cette pièce ne doivent pas être suspects, car nous en désapprouvons complètement la pensée; aucun vêtement, pas même un foulard de poche, ne nous paraît comporter des personnages. Le champ de l'ornementation est assez vaste, assez inépuisable, pour que les plus capricieuses imaginations d'artiste puissent s'y mouvoir à l'aise! Nous reléguons donc la *fête des fleurs*, de M. Gaussen, près d'un certain mouchoir de dame admirablement brodé, qui représente Jeanne d'Arc coupant bras et jambes aux Anglais, et brûlée cruellement par eux. L'héroïque fille! il manquait à toutes ses infortunes d'être brodée en coton sur de la batiste.

M. Gaussen a exposé un très-charmant, très-gracieux châle Ispahan, d'un dessin léger et plein de goût. Si nous ne nous trompons pas, ce dessin est aussi l'ouvrage de M. Couder. C'est un chef-d'œuvre comme en sait produire l'honorable artiste, dont la case spéciale nous a arrêté souvent des heures entières à l'exposition. Il s'y trouvait des modèles de tentures, de tapisseries et de tapis d'une incomparable beauté.

SIMON (ALBERT) et CIE, à Paris, 2, rue des Fossés-Montmartre. — Médaille de bronze en 1834. — MM. Simon et Cie, fabriquent le châle cachemire, le châle indou et plusieurs articles de nouveautés, dont la laine et le duvet de cachemire sont les matières premières : les produits qu'ils avaient exposés attestent les ressources de leur talent industriel.

MANUEL et DRY, à Paris, 4, rue Neuve-Saint-Eustache.—Médaille de bronze en 1834, sous la raison sociale Manuel et Macaigne. — Châles cachemires français et indous. — Ces fabricans confectionnent le châle cachemire français et plus spécialement le châle indou moins coûteux et plus durable; un châle noir à longues palmes et riche galerie attestait à tous les yeux leurs succès dans ce dernier genre.

FORTIER, à Paris, 36, rue Neuve-Saint-Eustache. — Châles, pièces de tissus pour

milieu de jardins délicieux, dans toute la pompe des souverains de l'Orient, le schah de Perse, entouré de sa cour, de sa garde, de ses mollhas, de ses éléphans, et peut-être aussi de ses femmes, figure dans ce beau dessin. Il s'agissait d'en faire un châle : M. Gaussen achète le dessin, l'entreprend et l'exécute avec beaucoup de résolution.

Mais restait un obstacle. Le Coran défend à ses sectateurs toute représentation des objets animés et même des objets naturels comme les arbres, les plantes, les fleurs. Comment, dans un châle de cachemire, expliquer, justifier cette invraisemblance? N'avez-vous pas lu récemment que le schah de Perse envoyait en présent, à la jeune reine d'Angleterre, soixante cachemires magnifiques, et que l'un d'eux représentait la caravane partant pour la Mecque, avec ses derviches, ses guides, ses guerriers, ses canons, ses chameaux? La reine Victoria a-t-elle en effet reçu ces châles? On en doute, et l'on pense aujourd'hui que la caravane servait d'excuse ou de prologue à la fête des fleurs.

Si cette histoire est véritable, elle est charmante et fort ingénieusement tissue ; habile fabricant, M. Gaussen est de plus, à ce compte, un homme de beaucoup d'esprit. Son châle est assurément remarquable, mais l'histoire vaut au moins le châle.

meubles. — M. Fortier a voulu modifier la forme raide et anguleuse du châle en arrondissant les pointes et en courbant vers le centre les lignes droites de l'extérieur. Quelle que soit la fortune de cette innovation, il est bien certain que les courbes, en fait de vêtement, l'emportent sur la raideur disgracieuse de tous les angles du monde. M. Fortier avait une autre case tournant le dos au public, mais que le public savait bien découvrir pour y admirer de belles étoffes à la mode de Venise, destinées à servir de tentures et de portières. Ces étoffes d'un excellent dessin, large, hardi, sont d'une grande richesse, et rappellent la splendeur du palais des Doges.

GOURÉ JEUNE, à Paris, 8, rue Neuve-Saint-Eustache. — Médaille de bronze en 1834. — Châles cachemires français et châles indous. — Nous devons une mention particulière à ce jeune fabricant, qui, dans son genre, prouve un mérite fort distingué. Faire de beaux châles et les vendre à nos riches Françaises, voilà qui, assurément, est très-bien et ce que M. Gouré jeune n'a garde de négliger ; mais ouvrir des relations avec les peuples étrangers, mais préparer pour notre industrie nationale de larges débouchés à l'extérieur, c'est un genre de mérite qui suppose de grands efforts, une aptitude spéciale dans les affaires, une persévérance opiniâtre et infatigable, qui tournent non-seulement au bénéfice de l'industriel, mais encore au profit du pays. M. Gouré jeune a ouvert au loin de très-grandes relations. Il a fait voir, comprendre, aimer nos produits à des peuples qui désormais ne peuvent plus s'en passer.

CHAMBELLAN et DUCHÉ, à Paris, 8, rue des Fossés-Montmartre. — Médaille d'argent en 1834. — Châles brochés en cachemire pur et indous. — Ces jeunes fabricans, dès leurs premiers efforts, en 1834, ont su approcher des succès obtenus par les meilleures maisons, pour le goût et pour la bonne confection de leurs produits, et comme conséquence, pour l'estime et la vogue commerciale. Les produits qu'ils ont exposés, cette année, étaient à la hauteur de leur réputation, et ont été généralement admirés.

ARNOULT (JEAN-LOUIS), à Paris, 12, rue des Fossés-Montmartre. — Médaille de bronze en 1827, médaille d'argent en 1834 — Châles cachemires français. — Élève et successeur de M. Lainé, il a fait prendre un grand essor à cette ancienne maison, qu'il a relevée de sa décadence par la variété, le bon goût, l'exécution parfaite de ses produits. Ses châles jouissent d'une très-haute estime dans l'opinion des connaisseurs. Il a justifié, à l'exposition de cette année, toutes les espérances que ses produits avaient fait concevoir à tous ceux qui les avaient admiré à l'exposition de 1834.

JUNOT, à Paris, 6, rue Neuve-Saint-Eustache. — Médaille de bronze en 1834. — Châles cachemires français et châles indous. — M. Junot fabrique le châle cachemire et le châle indou, qu'il exécute avec un succès remarquable ; il se sert pour sa fabrication d'une machine de son invention, dont les heureux résultats sont maintenant certains.

HÉBERT (Frédéric) et CIE, à Paris, 13, rue du Mail. — Médaille d'argent en 1827, médaille d'or en 1834. — Châles cachemires français. — Un goût sûr, qui n'exclut pas la hardiesse, qui, pour copier le châle indien, discerne habilement ce qu'il faut emprunter et ce qu'il faut abandonner; une rare entente du coloris, une connaissance approfondie des procédés de fabrication, tels sont les titres qui placent cet exposant sur la ligne de ses plus habiles rivaux. Cette justice, le commerce la lui rend, par l'estime qu'il fait de ses produits. M. Hébert a su se créer un genre par une meilleure mise en carte, et pour le goût comme pour le fini de l'exécution ; sa fabrique fait école. Ajoutons qu'afin de conquérir tous les suffrages, il s'est contenté de présenter ses produits courans, et n'a fait aucun chef-d'œuvre de circonstance.

GAGNON et CULHAT, à Paris, 23, rue Neuve-Saint-Eustache.—Médaille de bronze en 1834.—Châles cachemires et indous.— La fabrique de MM. Gagnon et Culhat est à la fois une de nos plus nouvelles et de nos plus remarquables ; à l'exposition, les yeux se sont particulièrement arrêtés sur un châle long bleu céleste, qui égale, s'il ne surpasse, par la richesse et le travail, ce qui s'est fait de mieux en ce genre ; un autre châle, d'un modèle tout nouveau, a obtenu un égal succès ; celui-ci forme deux châles réunis en un seul, c'est-à-dire que tout un côté est vert malachite, à motifs détachés, et l'autre côté, fond noir, à riche galerie : ce produit, d'une création originale et de la plus irréprochable pureté d'exécution, a offert à la fabrication des difficultés qui seront surtout appréciées par les gens du métier.

BOURNHONET, à Paris, 2, rue des Fossés-Montmartre. — Nouveautés, châles cachemires et indous, etc. — M. Bournhonet, qui dirige la fabrique de châles cachemires de M. Ternaux, avait exposé divers produits remarquables, et qui lui ont valu les suffrages consciencieux de plusieurs critiques.

Nous avons remarqué, de M. Bournhonet, un châle long noir, qui se distingue par un dessin d'une composition fort originale et fort riche, sans cependant que l'on y trouve de la surabondance ; il est remarquable encore par la matière avec laquelle il a été tissé ; cette matière est tout-à-fait indigène ; elle provient d'un troupeau appartenant à M. Graux, et elle a été filée par M. Hannonet, de Reims. Pour ceux qui connaissent spécialement la fabrique des châles, il est inutile d'appuyer davantage sur cette particularité. M. Bournhonet avait voulu prouver qu'avec des laines indigènes, avec un dessin qui ne fut pas emprunté aux motifs indiens, en faisant, en un mot, un châle tout français, il parviendrait à produire un objet aussi beau comme forme, aussi souple comme tissu, que ce qui a été fait jusqu'ici de mieux en ce genre. De hauts encouragemens l'ont déjà récompensé de ses soins assidus.

Un châle qui mérite aussi notre examen, parce qu'il est une invention fort curieuse, est le châle dit à quatre faces. C'est-à-dire que le dessin change aux quatre coins, ce qui donne, selon que le châle est plié de telle ou telle façon, un châle différent, soit quatre châles dans un seul.

D'après les prix indiqués, nous avons reconnu qu'un produit de cette nature ne s'élevait pas, pour le consommateur, à un taux beaucoup plus élevé qu'un châle fait d'après le système ordinaire. Nous signalons encore cet avantage; pour établir ce châle, il a fallu employer quatre mécaniques, il a fallu monter les métiers d'une manière toute spéciale, et cependant le produit offre, dans le prix d'achat, une différence à peine sensible. Nul doute que le succès ne vienne couronner un résultat aussi heureux.

MM. Ternaux et Bournhonet avaient encore exposé un châle carré noir dont les parties les plus apparentes dans le dessin sont brochées en fil d'or; ceci a déjà été fait, mais ces messieurs ont su donner à ce moyen une vie nouvelle, en ce sens que l'or introduit dans le châle y est habilement mélangé et n'écrase pas le dessin principal, qui est plein de grace et de coquetterie.

Nous devons encore mentionner un châle long à deux palmes différentes qui, ainsi que le châle à quatre faces, dont nous venons de parler, est une innovation fort agréable pour les dames; c'est, en effet, pour elles, deux châles dans un seul, et un objet qu'elles peuvent se procurer sans avoir trop de dépense à faire.

L'exposition de M. Bournhonet était, en un mot, tout-à-fait remarquable, et les visiteurs lui ont accordé l'attention particulière qu'elle méritait à plus d'un titre.

TIRET, à Paris, 19, rue des Fossés-Montmartre. — Médaille d'argent en 1834. — Châles, étoffes pour gilets et pour meubles. — M. Tiret, qui s'est livré très-jeune à l'étude des procédés de fabrication, les dirige avec une habileté rare; il s'est heureusement servi de ses talens, pour propager, dans la Picardie, toutes les améliorations qui pouvaient résulter du système de Jacquart et d'un montage de métiers perfectionnés. Ses produits habituels sont le châle de laine et le châle indou, dont il fait augmenter la vogue par une excellente confection.

BACHELOT, 23, rue Neuve-Saint-Eustache. — Assortiment de châles cachemires et de châles indous. — M. Bachelot, qui ne compte que trois années d'établissement, a exposé, cette année, pour la première fois.

Il a voulu se créer une spécialité, qui est celle de la fabrication des châles indous tout laine, depuis 45 jusqu'à 80 fr. en 6/4, et de 60 à 100 fr. en 7/4; dans chacun de ces prix, il possède une collection des plus variées de dessins, imitant ceux des cachemires français.

M. Bachelot a voulu, en fabricant à bas prix de bons châles, répandre dans les classes moyennes l'usage des châles qu'elles ne pouvaient atteindre avant sa fabrication, car les mêmes se vendaient de 90 à 200 francs. M. Bachelot a fait faire un grand pas à l'industrie qu'il exerce, en empêchant MM. les fabricans de suivre leur système, faire peu et vendre cher.

M. Bachelot occupe annuellement cinq à six cents ouvriers dans les faubourgs de Paris, et il espère, en étudiant chaque jour les besoins de notre consommation et de l'exportation, doubler ce nombre. Il a exposé un châle qu'il a nommé *châle-Joinville*, représentant, dans un coin, un vaisseau à pleines voiles d'un effet magnifique; et, dans l'autre coin, une *forêt vierge*, ayant pour rosace un soleil broché or et argent, d'un effet simple et riche; ce châle est sur un fond bleu de ciel et d'une idée hardie. Il a été acquis par Sa Majesté la reine. Il a encore exposé le même châle, sur fond vert, qui a été choisi par le duc d'Orléans.

Après les fabricans, dont nous venons de parler, on a encore remarqué à l'exposition, parmi les produits de la fabrique parisienne, ceux de MM. JOURDAN et MORIN, à Paris, 26, rue Notre-Dame-des-Victoires. — LEGRAND-LEMOR, LECREUX et CIE, à Paris, 2, place des Victoires. — Médaille de bronze en 1819, médaille d'argent en 1823, rappel en 1827. — Châles cachemires pur, tissu laine pure.—LAMBERT-BLANCHART, à Paris, 32, rue Neuve-Saint-Eustache. — Tissus de laine, châles. — PAGÈS BALIGOT, à Paris, 9, rue Albouy.—Nouveautés pour gilets, châles et robes. — SIVEL, à Paris, 28, rue Neuve-Saint-Eustache. — Châles indous, laine et nouveautés. — THOUVENIN et BERTHOIS, à Paris, 29, rue Neuve-Saint-Eustache. — Châles-laine, châles indous et châles cachemires. — THIBAUT, à Paris, 36, rue Neuve-Saint-Eustache. — Châles indous. — DEBRAS, à Paris, 30, rue Neuve-Saint-Eustache. — Châles cachemires et divers articles de nouveautés en châles. — CHINARD Fils et CIE, à Paris, 9, rue de Cléry. — Châles indous. — BOUTINEAU, à Paris, 52, rue Neuve-Saint-Eustache. — Châles indous. — FOUQUET aîné, à Paris, 15, rue des Fossés-Montmartre. — Châles cachemires français, châles indous.

FABRIQUE DE LYON.

Bien que les châles de la fabrique de Lyon soient d'une classe secondaire, le cachemire n'entrant pas dans leurs élémens, cette industrie cependant est d'un grand intérêt par la masse d'ouvriers qu'elle occupe, par les capitaux qu'elle met en mouvement; nous pourrions ajouter, par la beauté toujours croissante de ses produits, destinés, en grande partie, à l'exportation. La destinée de Lyon, est *d'exporter*, et les grands industriels de cette cité laborieuse ne font cas d'une production que quand elle livre au commerce étranger une abondante et lucrative matière; nous ne les blâmons point, nous constatons des mœurs industrielles, dignes d'observation.

Le châle indou se fait aussi bien à Lyon que Paris le peut faire. La seule différence consiste dans le dessin et le goût, qui ne sont point identiques précisément parce que les produits ont une destination différente. S'il y a quelque chose d'un peu forcé dans la manière lyonnaise, c'est que les étrangers la préfèrent ainsi : ce n'est donc point le goût lyonnais qu'il faudrait blâmer; louons-le plutôt de la perfection de tissage qu'il a atteinte, comme de son bon marché, bien que ce soit lettre close pour le public et pour nous, qui n'avons point été initiés dans les impénétrables mystères de ce genre de progrès. On a affirmé, nous croyons humblement.

Lyon fabrique des indous, des thibets, où le coton entre pour quelque chose; des châles carrés, longs, pleins, à fond simple, à plusieurs fonds, à petite ou grande galerie, à petits ou bien à grands et immenses motifs.

GRILLET AÎNÉ, à Lyon (Rhône). — Médaille d'argent en 1834, sous la raison sociale Grillet et Trotton. — Châles brochés et imprimés. — Ce manufacturier a donné une impulsion nouvelle à la fabrique de Lyon, en copiant directement le cachemire indien, au lieu d'imiter le cachemire français. Il fait preuve de goût dans le choix des dessins, et d'habileté dans l'exécution. Ses châles carrés, remarquables sous ces deux points de vue, ont réuni tous les suffrages ; ses châles imprimés, livrés au commerce à des prix modérés, nous ont paru confectionnés avec tout le soin possible, et ne rien laisser à désirer sous le rapport de la grace et de la variété des dessins.

MORAS et DAUPHIN, à Lyon (Rhône). — Médaille d'or en 1834, sous la raison sociale Paul Reverchon et Frères. — Châles brochés. — MM. Moras et Dauphin avaient exposé des châles destinés à l'exportation, qui nous ont paru l'emporter sur ceux exposés par leurs concurrens par une belle entente de couleurs et un excellent choix de modèles ; ces messieurs succèdent à MM. Paul Reverchon et Frères, qui se sont fait une réputation légitimement acquise dans cette industrie.

DAMIRON, à Lyon (Rhône). — Médaille d'argent en 1834. — Châles et écharpes. — Ses châles carrés et longs, sur fond noir, jaune, vert, rouge, blanc, et rayés ou semés, à rosaces, se distinguent par la richesse du dessin, l'éclat des couleurs et la sûreté de l'exécution ; ses produits sont très-recherchés par le commerce.

BERNA SABRAN, à Lyon (Rhône). — Châles et étoffes de soie. — Le châle Lahore exposé par M. Berna Sabran est extrêmement joli; ce mélange de laine et de soie grenadine est d'un heureux effet.

BOYRIVEN et GELOT, à Lyon (Rhône). — Médaille de bronze en 1834. — Châles brochés. — Dans leurs châles destinés à l'exportation, ils s'efforcent d'unir l'éclat et l'effet à l'économie ; en travaillant pour l'intérieur, ils ont plus soigné leur fabrication, tout en conservant des prix modérés, qui rendent leurs châles accessibles à beaucoup de consommateurs.

LUQUIN Frères, à Lyon (Rhône). — Médaille de bronze en 1834. — Châles brochés. — Cette maison, récente encore, se fait remarquer par un goût distingué, par la richesse des couleurs et la bonne exécution de ses produits.

On a généralement déploré l'absence, à l'exposition des produits de l'industrie nationale, de plusieurs honorables fabricans de Lyon, parmi lesquels nous devons citer en première ligne MM. AJAC et D'HAUTENCOURT GARNIER et Cⁱᴱ.

C'est à M. Ajac que la France doit l'invention des châles en bourre de soie, imitant le cachemire. Créateur de cette active et riche industrie dès 1814, il a contribué plus qu'aucun autre à la perfectionner, et ses élèves même sont devenus des maîtres. Ses châles l'ont emporté sur ceux des Anglais, en Belgique, en Hollande, en Allemagne, en Russie et même en Angleterre, nonobstant un droit d'entrée de 25 p. °/₀. Ses produits ont excité l'admiration publique par leur variété, leur bon goût et leur excellente exécution ; quel que soit le nombre de ses imitateurs, il ne connaît pas de supérieur. M. Ajac obtenait, en 1819, la médaille d'or ; cette haute récompense lui fut successivement confirmée en 1823, 1827 et 1834.

MM. d'Hautencourt Garnier et Cⁱᴱ, imitateurs et rivaux de M. Ajac, se sont toujours fait distinguer par leur bon goût et par leur excellente exécution. Ils ont exposé, en 1834, un châle de couleur fantaisie, broché au lancé, dont une partie figure à l'endroit et l'autre à l'envers. Ce genre, tout-à-fait neuf, offre l'avantage de montrer, lorsqu'on le porte, le dessin dans son entier, ce qu'on n'avait obtenu jusqu'ici que par des rapports faits avec des coutures. Ils ont triomphé parfaitement des grandes difficultés que présentait ce genre de tissu, lequel démontre l'esprit inventif des auteurs. MM. d'Hautencourt Garnier et Cⁱᴱ ont obtenu la médaille d'or aux expositions de 1827 et de 1834.

Les produits des fabricans lyonnais, dont les noms suivent, ont été, à des titres différens, remarqués à l'exposition de cette année.

BRUNOT et MOREAU, à Lyon (Rhône). — Châles brochés. — PAGÈS (Charles) et Cⁱᴱ, à Lyon (Rhône). — Mention honorable en 1834. — Châles longs et carrés destinés à l'exportation. — JARRIN et TROTTON, à Lyon (Rhône). — Châles brochés destinés à l'exportation. — TROUBAT (Louis) et Cⁱᴱ, à Lyon (Rhône) — Châles indous. — PLANTIER, à Lyon (Rhône). — Châles brochés.

FABRIQUE DE NIMES.

Près des cases lyonnaises se trouvaient à l'exposition celles où Nîmes avait exposé ses châles thibets et indous ; c'étaient des cases fort silencieuses. On aurait pu dire, à leur caractère sombre et triste , qu'elles voulaient exprimer quelque souffrance de fabrique. En effet , si Nîmes produit encore de fort jolis châles à très-bon marché; si elle réussit mieux dans le dessin , dans la couleur ; si le tissage est infiniment plus régulier qu'en 1834, la consommation n'en a pas moins diminué en France même , et les étrangers réduisent de plus en plus leurs demandes , ou , ce qui est plus exact, les gouvernemens étrangers repoussent les châles à coups de tarifs. Le Levant, l'Égypte et la Syrie seulement font encore quelques demandes.

Nous aimons le département du Gard , parce qu'il est peuplé d'une race d'hommes aussi intelligens que laborieux et résolus , parce qu'il tend au progrès , et que ce qu'il fait , en général, il veut le bien faire : signe infaillible de grandeur future pour cette belle contrée qui s'élève , qui étend et améliore toutes les branches de sa production , tandis que, bien près de là , l'on dort, l'on languit , on gâte , on déchoit.

En ce qui concerne la consommation intérieure , nous oserons donner à des industriels d'un mérite tel que nous nous honorons de le reconnaître dans MM. Curnier , Roux , Barnouin , Conte et une foule d'autres, nos humbles avis pour les raviver. Ces messieurs se maintiennent peut-être trop exclusivement dans l'imitation absolue du genre, du style indien; cela s'use. Nîmes suit trop pas à pas la fabrique lyonnaise, qui, elle-même, n'ose sortir du sentier que trace celle de Paris. Un peu plus de hardiesse , messieurs ! songez qu'un châle est le vêtement d'une femme , et que , sans vouloir faire ici de l'esprit facile et de mauvais goût , votre consommateur aime le changement, la variété, le neuf , le gracieux , l'élégant. Or, il y a trente ans que les femmes d'Europe mettent sur leurs épaules les palmes et palmettes , les crochets , tout le désordre d'ornementation qu'on appelle dessin de cachemire ; les femmes en sont un peu lasses: les plus riches se rabattent sur le mantelet qui descendra à celles qui le sont moins, si vous n'y prenez garde. Si les femmes ont, contre leur habitude porté si long-temps des imitations de châle indien , c'est que leur vanité y trouvait son compte ; la méprise était facile, on avait l'air de mettre dix mille francs sur ses épaules. Mais aujourd'hui, ce calcul est éventé ; il n'y a plus d'illusion possible que pour les châles en cachemire pur qui donnent *toute* la richesse de coloris du plus riche indien. Il n'en est pas ainsi du châle thibet , ni même de l'indou, à moins que ce dernier ne soit de qualité supérieure. Si l'illusion tombe , le style indien reste seul avec ses laideurs , et la vanité ne le soutenant plus , que voulez-vous qu'il devienne , s'il ne se transforme pas ? Il ne s'agit point de faire disparaître brusquement l'ornementation vieillie du châle actuel , mais de la rajeunir en la modifiant. Vous êtes habiles, vous avez du goût, vous savez dessiner , l'imagination méridionale est vive et féconde , vos honorables délégués ont dû voir poindre dans la fabrique parisienne une tendance à faire quelque chose ; nous ne savons quoi encore, mais qui s'écarte, qui s'éloigne, du barroque indien ; hâtez-vous donc de montrer des châles en face desquels nos femmes s'écrieront : « Oh que c'est joli ! le gracieux dessin que voilà ! » Il n'en faudrait pas davantage.

Quant aux étrangers, que dire ? Nous repoussons les produits de leur industrie à coups de tarifs; ils usent de représailles. Nous ne voulons pas être leurs *tributaires;* ils ne veulent pas nous payer tribut : cela est tout simple, tout juste, tout légitime ; de quoi nous plaindrions-nous ? On est parvenu à nous faire croire, à nous autres Français, qui ne croyons à rien, qu'il y avait patriotisme à rejetter tout ce qui vient des étrangers ; que nous devions nous suffire à nous-mêmes ; que quiconque osait parler de liberté en industrie et en matière commerciale était fou, absurde, jacobin, carliste, républicain, partisan de l'étranger (car tout cela a été dit et imprimé). Il en est résulté une guerre générale entre tous les peuples, guerre où le sang ne coule pas, mais bien souvent les larmes, parce qu'elle enfante les crises ruineuses, suite nécessaire de tout ce qui se fait d'artificiel et d'anormal en industrie.

Voulons-nous dire qu'il faut dès aujourd'hui mettre le feu à la douane, tout abolir à la fois, bouleverser, détruire de fond en comble notre politique commerciale?—Non pas ! ce sont là les calomnies vulgaires qui accueillent d'habitude les opinions les plus modérées, comme les conseils de la sagesse et de la prévoyance ; la pauvre petite cupidité égoïste ne se fait jamais faute d'injures et d'inculpations gratuites. Soit ; mais arrêtons-nous enfin dans un système qui ne saurait produire d'heureux fruits, car il a la haine pour principe, la guerre pour moyen, les crises pour résultat, ce qui veut dire qu'il est anti-social et anti-chrétien. On peut fouler aux pieds la vérité, mais elle n'en est pas moins la vérité, l'impérissable vérité.

Voilà qui doit paraître bien sérieux, bien solennel, à propos de châles thibets; nous en convenons : mais il y a derrière les doléances du fabricant nîmois beaucoup d'autres doléances auxquelles nous répondrons, émus que nous ne pouvons nous empêcher d'être toutes les fois qu'il y a quelque part souffrance industrielle, désordre dans le travail, avenir lugubre pour les travailleurs nos amis.

Nîmes s'est essayée à faire des châles *kabyles* ou tartan tout laine, modifié, c'est-à-dire moins lourd, moins pesant, plus joli que ne l'était le tartan d'il y a quelques années. Nîmes a parfaitement réussi, et a imprimé à ce genre le véritable cachet nîmois, *le bon marché.* Nîmes a fait des imitations de ce genre, en coton, et l'a mis à la portée des plus modestes consommateurs. Nous nommons cela de l'habileté industrielle.

COLONDRE et PRADES à Nîmes (Gard). — Mention honorable en 1834. — Châles divers.—MM. Colondre et Prades avaient exposé plusieurs genres de châle au nombre de trente ; leur établissement qui, en 1834, ne comptait que deux années d'existence, fut néanmoins mentionné honorablement à l'exposition des produits de l'industrie nationale de cette année. Leur fabrication exclusive est le châle à bon marché, qui se consomme surtout en Hollande, en Belgique et en Allemagne ; les châles variés avec ou sans rosaces que ces fabricans avaient exposés, font l'éloge de leur établissement et constatent les progrès qu'ils ont fait.

BONET (JEAN) et RIBES Fils à Nîmes (Gard). Médaille de bronze en 1834. — Châles divers. — On a remarqué la bonne fabrication des châles de cette maison encore nouvelle ; ces châles quoique fabriqués avec soin, sont d'un prix excessivement modéré : depuis, 6 francs jusqu'à 36 francs.

SABRAN Frères à Nîmes (Gard). Médailles d'or en 1823 et 1834, sous la raison sociale Sabran père et fils et Raynaud. — Châles divers. — Cette maison, l'une des plus anciennes, de Nîmes, maintient sa réputation par l'excellence de ses produits, qui sont des châles imitant le cachemire, avec un mélange de bourre de soie et de laine, ou de pure bourre de soie ; car MM. Sabran traitent tous les genres, depuis le plus simple jusqu'au plus riche.

CURNIER (PIERRE) et Cie à Nîmes (Gard). Médaille d'or en 1823, rappel en 1834. — Parmi les industriels infatigables qui, depuis quelques années, ont fait prendre un si grand essor à la fabrique de Nîmes, aucun ne pourrait réclamer une part plus ample et mieux méritée que M. Curnier, et pour les articles dont il est l'inventeur, et pour ceux qu'il a perfectionnés. Toujours ses produits ont été distingués comme types d'une excellente exécution. Sa fabrique, l'une des plus importantes, embrasse tous les genres et du tissage et de l'impression ; c'est ce qu'attestaient la richesse et la variété de son exposition.

M. Curnier était en 1823 associé de MM. Sabran frères, et la médaille d'or accordée à cette époque à cette maison de commerce, fut en 1834 confirmée à M. Curnier.

BARNOUIN et BUREAU à Nîmes (Gard). Médaille d'argent en 1834. — Echantillons de châles brochés divers. — Cette maison, créée récemment, s'est placée de suite dans un rang distingué, par des produits de bon goût et du meilleur travail : elle réunit les genres simples et les genres riches. La première, elle a fabriqué le cachemire pur à Nîmes, en composant elle-même ses dessins. Son exposition de châles bourre de soie, thibet et duvet de cachemire, présentait un exemple remarquable des progrès récens et rapides qu'a fait la fabrique de Nîmes.

BOUSQUET DUPONT, à Nîmes (Gard). Médaille de bronze en 1827, rappel en 1834. —

Châles thibets, châles barèges à franges, châles mérinos avec bordures imprimées, fichus en crèpes, étoffes à gilets; tous ces produits, confectionnés avec le plus grand soin, ont prouvé que M. Bousquet-Dupont s'était, à l'exposition de cette année, tenu à la hauteur de son honorable réputation.

COUMERT CARRETON et CHARDONNAUD à Nîmes, (Gard). Médaille de bronze en 1834.—Cette maison, encore nouvelle, imite le genre de Lyon; elle a exposé des produits estimables et mérite des encouragemens.

ROUX Frères, à Nîmes (Gard). Médaille d'argent en 1834. — Châles divers. — Ils travaillent beaucoup pour exporter, surtout en Hollande. Ils excellent à nuancer leurs châles avec des couleurs vives et tranchées, bien appropriées à leur destination : leur industrie égale leur habileté.

On remarquait encore, à l'exposition de cette année, les produits des fabricans nîmois, dont les noms suivent et qui avaient exposé : CONSTANT (François). — Châles divers. — MIRABEAU et Cie. — Châles divers. — D'HOMBRES (Michel). — Châles imprimés divers et échantillons de coton rouge Andrinople.

SECTION III.

ARTS DU DESSIN,

APPLIQUÉ A LA FABRICATION DES CHALES.

CHAVANT (Henri), à Paris, 9, rue de Cléry. — Papier réglé pour la mise en carte des dessins de châles et étoffes façonnées, papiers de couleurs pour les dessins de châles, soieries, tapis, toiles damassées, indiennes, et toutes sortes d'étoffes façonnées, brochées et imprimées.

Les objets exposés par M. Chavant nous paraissent mériter une attention particulière. Ses nouveaux papiers réglés abréviatifs pour la mise en carte des dessins d'étoffes, ses ma–

tériaux de fabrique, son *Cachemirien*, son *Musée* et son *Journal des Fabricans d'étoffes fa-çonnées*, se recommandent surtout aux manufactures d'étoffes de tous genres.

Un des cadres qu'il avait exposé contenait divers échantillons de feuilles de papier réglé de dix en dix, huit en dix, huit en douze, huit en quatorze, etc. Ces papiers servent à la composition des dessins de châles cachemires en laine et étoffes façonnées. C'est sur ces mêmes papiers que l'on fait tous les dessins des étoffes qui se fabriquent à Paris, Lyon, Nîmes, Saint-Quentin, Roubaix, Amiens, Rouen, etc. M. Chavant a trente planches dif-férentes. Ce même artiste a aussi inventé un procédé particulier pour donner à ce papier une qualité supérieure. C'est une préparation liquide qui, étendue sur la feuille, procure au dessinateur la facilité de faire, dans la composition de son dessin, tous les changemens qu'il croit nécessaires, en lavant les parties qu'il veut effacer, sans altérer toutefois le pa-pier, qui peut supporter plusieurs fois le lavage. Le prix de ces papiers est de 25 fr. le cent de feuilles.

M. Chavant se charge de l'exécution des planches extraordinaires en quinze jours.

Un second cadre renfermait des échantillons de papier peint mat de cent nuances pour servir de fond à la composition des dessins d'étoffes imprimées, telles que mousseline, laine et coton, cachemire, foulard, toiles peintes, indienne des fabriques de Jouy, Mul-house, Colmar, Wesserling, Vizille, Rouen, Saint-Quentin, Amiens, etc. M. Chavant s'est livré depuis plusieurs années à de grandes recherches pour obtenir cette série de nuances avec des couleurs qui ne renfermassent aucun corps gras, *chose essentielle pour les dessinateurs*. Autrefois chaque dessinateur était obligé de faire, avec la couleur, le fond de son dessin, ce qui lui prenait beaucoup de temps, et il n'obtenait pas toujours la nuance qu'il désirait. M. Chavant trouve le moyen de remédier à cet inconvénient, et peut vendre ses papiers à peu près au même prix que le papier blanc.

Plusieurs autres cadres renfermaient des papiers à réduction abréviative réglés et vernis pour la mise en carte des dessins de cachemires; ces papiers économisent plus des trois quarts du temps des dessinateurs pour l'exécution de la mise en carte, et conséquemment le fabricant pourra, sans augmenter les frais de dessins, tripler le nombre de ses nou-veautés.

Nous avons aperçu aussi plusieurs cadres de matériaux excellens pour un fabricant de châles, qui ont été tirés du *Manuel du Cachemirien*, ouvrage composé d'après les re-productions exactes des nouveaux châles des Indes et de Perse, qui se fabriquent à Lahore, Ispahan, Téhéran, Caboul, Cachemire et Candahar, d'où ils arrivent en Europe. Calqué fidèlement, et dessiné au trait simple, l'ouvrage, composé de trente feuilles, se vend 90 fr. en couleur, et 30 fr. en noir.

JOURNAL DU FABRICANT D'ÉTOFFES.

M. Chavant, éditeur du *Musée du Dessinateur de fabrique*, collection où l'on trouve tout ce que les bibliothèques royales contiennent de plus curieux en dessins de vieilles étoffes et de vieux manuscrits, réuni à ce que l'art moderne a de plus coquet et de plus nouveau, a conçu l'heureuse idée de donner à cet ouvrage une actualité toujours nouvelle, en le continuant, par livraisons mensuelles, sous le titre de *Journal du Fabricant d'étoffes façonnées.*

D'après les premières livraisons que M. Chavant a déjà fait paraître de cette publication, il est facile de se convaincre qu'elle sera d'une nécessité indispensable pour tous nos manufacturiers. En effet, si l'on en excepte les établissemens industriels de la capitale, où le fabricant, outre les artistes qu'il a toujours sous sa main, trouve tant de sources auxquelles il peut abondamment puiser, la plupart de nos grandes manufactures manquent d'un guide sur lequel elles puissent compter pour la composition des dessins de leurs étoffes façonnées. C'est une lacune que le nouveau journal vient remplir.

Chaque livraison mensuelle du *Journal du Fabricant d'étoffes* contient douze feuilles. La collection de ces feuilles forme un véritable *album*, dont les dessins offrent la plus merveilleuse variété. Tantôt ce sont de vastes compositions qui peuvent le disputer à ce que l'époque de la renaissance et le siècle de Louis XV ont de plus riche et de plus compliqué, tantôt ils n'ont d'autre prétention que cette simplicité gracieuse et de bon goût, qui est de tous les temps et de tous les lieux ; d'autres fois ce sont des esquisses barroques qu'une imagination fantasque a tracées, mais qui offrent tant d'originalité dans leurs bizarreries même, qu'elles forment un piquant contraste avec celles qui les précèdent ou qui les suivent. Ce sont des caprices d'artistes, dont la mode préfère quelquefois les lignes heurtées et sans symétrie à l'arrangement compassé du dessin le plus correct.

Ces cahiers offriront donc, dans leur ensemble, le résumé le plus complet qui ait été publié jusqu'ici de tous les genres de dessins de fabrique, soit anciens, soit modernes, et tous inédits. Ce sont des fleurs naturelles et de fantaisie, des ornemens de toutes les époques, tantôt gracieux, tantôt bizarres, des arabesques et des dessins suivis de tous les genres ; enfin des motifs de tous les styles, qui présenteront au fabricant des *matériaux* on ne peut plus variés, et au dessinateur une source inépuisable d'inspirations.

Toutes les industries auxquelles se rattache l'art du dessin, trouveront dans ce recueil une riche mine à exploiter. Ce sont des compositions disposées pour les fabricans de châles, de soieries, de rubans, de tapis, de toiles peintes, de toiles damassées, de papiers peints, de dentelles, de mousselines, et de toutes sortes d'ouvrages et d'impressions ou de broderies.

Les premiers dessinateurs de fabrique ont apporté à cette œuvre le tribut de leur expérience, et il suffit de nommer les artistes de la capitale qui y coopèrent pour en assurer le succès. Ce sont MM. Auguste Courson, Fabreguettes, Guichard, Lardet, Laurent, Emmanuel, Blanc, Bony, Chenavard, Rey et Trancart.

Cette publication a été déjà honorée de la souscription de la reine des Français. Nous nous dispensons d'énumérer ici tous les augustes suffrages qui l'ont encouragée ; mais nous mentionnerons, comme preuve de la faveur qui l'a déjà accueillie, l'empressement avec lequel ont souscrit déjà les plus célèbres fabricans français et étrangers, et les directeurs de six manufactures impériales ou royales de l'Europe.

Nota. Le *Journal des Fabricans d'étoffes* paraît tous les mois par cahiers contenant 12 feuilles brochées. Les souscriptions sont toutes d'un an. Prix *franco* de l'abonnement aux 12 cahiers, ou 12 livraisons formant 144 feuilles : Paris, 18 fr.; départemens, 20 fr.; étranger, 22 fr. — La première année est complète depuis le 1er janvier 1839. Le premier cahier de la seconde année vient de paraître. Il reste encore un petit nombre d'exemplaires complets du *Musée du Dessinateur*, composé de 600 feuilles pour 72 fr.

LECOMTE, à Paris, 57, rue Sainte-Anne. — Gravures lithographiques d'ornemens à l'usage des fabriques. — C'est dans une des places les moins favorables des salles de l'exposition, où nous avons été grandement étonnés de le voir relégué, que les visiteurs ont été obligés d'aller chercher l'album de M. Lecomte ; mais, quelle que fut la place occupée par cette importante publication, faite pour les besoins de l'industrie, elle ne pouvait passer inaperçue ; d'ailleurs les fabricans, qui déjà en avaient fait amplement leur profit, s'étaient eux-mêmes chargés de la propager, et la plupart des dessins contenus dans l'album de M. Lecomte se trouvaient reproduits, à l'exposition, sous toutes les formes et de toutes les manières ; ici, en tapis, en châles, en étoffes diverses ; là, en stores, en parquets, en papiers peints ; l'album Lecomte méritait une place importante, on la lui a refusée, et il se trouve qu'il en a reconquis deux cents ; mais cela ne surprendra personne lorsque nous dirons que l'album publié par M. Lecomte est en partie l'ouvrage d'un homme dont les arts déplorent la perte récente, de Chenavard, le vénérable restaurateur du bon goût en France, dans les arts d'ornemens.

M. Clerget, qui marche dignement sur ses traces, a également fourni un grand nombre de dessins à cette importante publication.

Ainsi que nous l'avons dit plus haut, tous ces dessins mis en œuvre par nos manufacturiers ornaient, sous différentes formes, toutes les salles de l'exposition ; ils ont bien fait sans doute de les copier, et nous les en félicitons au nom du bon goût; mais il eut été juste, ce nous semble, et loyal de leur part, d'indiquer la source à laquelle ont été puisés tous ces motifs, dont la combinaison offre tant d'élégance et de variété, et qui jette tant d'éclat sur la partie artistique de l'exposition de 1839 ; le public, du reste, aura facilement reconnu les inspirations de Chenavard et de son ami Clerget, et il n'oubliera pas, sans doute, le mérite modeste de l'éditeur qui, par ses publications nombreuses et choisies, a contribué pour sa bonne part à renouveler la forme surannée des ornemens, et a fait faire à la décoration appliquée à l'industrie les immenses progrès que nous sommes heureux de constater.

SAUREL et DACHE, à Paris, 44, rue de Cléry. — Dessins en tous genres pour châles. — En fait de dessins de châles, le goût le plus général est celui qui se rapproche le mieux du cachemire de l'Inde. Or, si nous partons de ce point de convention, nous serons forcés de déclarer que, dans notre opinion, MM. Saurel et Dache, sont les seuls qui, ayant cette année exposé des dessins représentant véritablement le cachemire de l'Inde. Nous ne faisons pas allusion ici aux conceptions hors de ligne que ce genre de châle a fait naître : ce sont là de très-brillantes exceptions tout-à-fait en dehors de l'art ordinaire, de l'art qui profite à tout le monde, et c'est sous ce point de vue, un peu classique peut-être, que nous adjugerons la palme du dessin pour châles à MM. Saurel et Dache.

MAITRE, à Paris, 347, rue Saint-Denis. — Essais de dessins pour châles. — M. Maître est un artiste plein d'avenir, et ses essais promettent une suite d'œuvres remarquables que nous espérons pouvoir louer sans restriction lors de l'exposition de 1844.

COUDER (Amédée), à Paris, 24, rue Cadet. — Médaille d'argent en 1834. — Dessins en tous genres pour manufactures. — Le vaste établissement dirigé par M. Amédée Couder, le premier dans sa spécialité, est aussi le seul qui ait su réunir toutes les branches du dessin industriel ; chaque genre s'y traite par des dessinateurs spéciaux, dans des ateliers séparés, sous la direction de chefs habiles initiés à toutes les difficultés de l'exécution. C'est ainsi que sortent de cette maison, non-seulement la plupart de ces conceptions hardies et somptueuses, qui font l'ornement des palais, mais encore une quantité prodigieuse de compositions heureuses, qui deviennent souvent une source de richesses pour nos fabriques.

Quelques citations nous feront mieux comprendre. Par exemple, M. Amédée Couder a exécuté plusieurs modèles de tapisseries pour le château d'Eu. Dans le *salon des rois*, ce sont des *rideaux* et *lambrequins*, des *panneaux* (la royauté primitive) dont voici la description : « L'homme, roi de la terre, tient le bâton pastoral, sa première arme et le symbole » de son autorité ; il imprime une utile volonté au troupeau, il l'a défendu, il est couvert » de ses trophées ; la plume du vautour décore sa ceinture, la peau du loup couvre ses » épaules ; son front, siège de sa puissance, est couronné des parures du sol ; son regard » protecteur doit dominer. Au pied d'un arbre, un tertre est le trône primitif.

» En face de la Puissance, Dieu plaça la Justice ; elle est représentée, non point armée » de la balance qu'un souffle peut faire pencher, ni du glaive que l'humanité voudrait dé- » tourner ; éclairée par un rayon de la divinité, avec le crible elle sépare le bon grain de » l'ivraie ; à ses pieds mugit le torrent des passions, que sa prudence retient. »

Dans le *petit salon de la reine*, ce sont aussi des rideaux et lambrequins ; mais ces dessins ne sont encore qu'une partie de la collection exécutée pour le château d'Eu ; ils doivent prendre place dans les albums particuliers du roi, sitôt après l'exécution faite par les manufactures royales des Gobelins et de Beauvais.

M. Amédée Couder peut se glorifier, à aussi juste titre, de sa *forêt vierge*, modèle pour un tapis velouté de grande dimension ; de l'*esquisse* d'un châle long exposé en 1823, et honoré d'une médaille ; du châle Ispahan, exécuté en 1834 par M. Gaussen aîné, enfin de son dessin du *Nou-rouz*.

La fête du *Nou-rouz* est celle du nouvel an; c'est la plus solennelle qu'il y ait en Perse. Dès que le soleil entre dans le signe du Bélier, le canon et les instrumens de musique se font entendre jusqu'à la fin du jour. Le schah reçoit les hommages des plus grands dignitaires de son empire; on se fait des présens, et chacun célèbre alors le moment où la nature renaît à l'approche du soleil : c'est la *fête des fleurs*.

Mais revenons à M. Amédée Couder. Cet artiste sacrifie largement au progrès ses veilles et sa fortune; beaucoup d'industries lui doivent en grande partie leur éclat et leur renommée. Le papier peint en est un exemple : dès 1830, M. Amédée Couder dépensa plus de 30,000 fr. en tentatives pour faire abandonner le style de l'empire, et ses efforts ont été couronnés du plus grand succès : son décor renaissance est le premier qui ait ouvert la route.

A tous les points de l'exposition on retrouvait M. Amédée Couder. C'est à son imagination que sont dus les tapis de M. SALLANDROUZE, les papiers peints de M. LAPÈRE, les étoffes à meubles de MM. TIRET, PRUS-GRIMONDÉ, WACRENIER, FLORENTIN COCHETEUX; les tissus de verre exécutés pour le roi, par M. DUBUSBONNEL, l'écran incrusté d'or et d'argent de M. CHRISTOFLE, les impressions en relief de M. BONVALET et celles de M. L'HOTEL, les services damassés de M. BÉGUÉ, de Pau; enfin quantité de dispositions de tous genres dans les plus beaux produits de Lyon, de Nîmes, de l'Alsace, de Rouen, Reims, Tarare, etc., etc.

On a remarqué la singulière parcimonie avec laquelle le jury de l'exposition avait traité les hommes d'art, et par exemple les dessinateurs qui sont bien cependant pour quelque chose dans les progrès de notre industrie.

Dans ces circonstances les dessinateurs ont adressé aux fabricans la circulaire suivante, qui fait honneur également à ceux qui l'ont signée et à celui qui en est l'objet.

« Pour effacer autant qu'il est en notre pouvoir d'artiste, l'impression pénible que doit » avoir produit sur M. Amédée Couder, la décision du jury à son égard, décision bien » faite pour répandre, chez tous ceux qui suivent la même carrière, un découragement » dont l'industrie ne tarderait pas à ressentir les tristes effets, nous espérons, dans cette » circonstance, que MM. les fabricans voudront bien se joindre à nous pour faire frapper, » à M. Amédée Couder, une médaille d'or.

» A cet effet, une souscription est ouverte, à Paris, chez M. Combet aîné, dessinateur, » rue du Faubourg Saint-Denis, 43. »

Nous savons que les principaux fabricans se sont empressés de s'unir à cette démonstration.

CHAPITRE TROISIÈME.

SOIES ET SOIERIES.

⚬➤❧⚬

SECTION PREMIÈRE.

SOIE GRÈGE ET OUVRÉE.

Ce n'est que depuis 1815 que l'industrie de la soie a pris en France une marche régulièrement progressive. Dix-huit départemens, avaient, en 1820, des plantations de mûriers. Ces départemens étaient la Drôme, l'Ardèche, Vaucluse, les Bouches-du-Rhône, l'Isère, le Gard, l'Hérault, la Lozère, le Var, l'Ain, les Basses-Alpes, les Pyrénées-Orientales, l'Indre-et-Loire, l'Aveyron, Tarn-et-Garonne, la Loire, le Rhône, la Haute-Garonne. Depuis cette époque, douze autres départemens sont entrés dans cette voie; ce sont : la Côte-d'Or, Seine-et-Oise, les Hautes-Alpes, la Dordogne, la Gironde, la Haute-Loire, le Jura, le Gers, le Haut-Rhin, le Calvados, la Vienne et le Loiret.

Enfin, cette année, nous remarquons cinq nouveaux départemens : la Meuse, l'Allier, le Pas-de-Calais, la Charente et l'Aisne.

Il est donc aujourd'hui démontré que le sol de la France est éminemment propre à la culture du mûrier et à l'éducation des vers à soie. La Suède, dont la situation est bien autrement défavorable que la nôtre, a néanmoins entrepris l'industrie sétifère. Quant à nous, il s'en faut de beaucoup que nous produisions la quantité de soie qui nous est nécessaire;

nous tirons annuellement de l'étranger un million de kilog. de soie écrue ou autre, pour laquelle nous payons environ 80 millions de francs. En présence de pareils faits, ne comprendra-t-on pas l'impérieuse nécessité de favoriser chez nous une industrie qui emploie tant de bras, et fournit tant de produits divers à notre commerce d'exportation. Il ne saurait ici exister, sur ce point, la moindre hésitation : aucune étude d'économie politique n'est à faire au sujet de la soie. Toute la question est là : il faut que nous arrivions à produire la quantité de soie qui nous est nécessaire.

Ce résultat, qui pourrait être amené par une sollicitude plus grande de la part du gouvernement, décuplerait évidemment le revenu territorial des propriétés. Un hectare, planté en mûriers, représente une rente de 3,750 fr. ou une valeur de 75,000 fr. ; ainsi les 12,000 hectares qu'il serait important de cultiver de cette manière, pour que la France produisit la quantité de soie qui lui est aujourd'hui nécessaire, acquerraient une valeur de 900 millions, tandis que leur valeur actuelle est, terme moyen, de 70 à 80 millions. À part les grands établissemens, la routine et l'incurie président à l'exploitation de la soie ; il semble que cet état de choses se soit propagé jusque dans les salles de l'exposition, où nous trouvons les écheveaux de soie jetés négligemment, pêle-mêle, avec des étiquettes pendues à des ficelles, alors que, tout près d'eux, dans de beaux encadremens, les fils de coton sont disposés, rangés avec tant d'art et de coquetterie ! et cependant cette soie est française, ce coton est américain !

Parmi les exposans de cette année, nous devons citer, pour les machines à filer, MM. CLAIR, ROBINET, HAMELIN, CHARDIN (de la Seine).—LIOUD (de l'Ardèche). — TOURZEL (du Pas-de-Calais). — VIGEZZI-RIVA et DOMINELLY, BOURCIER et MOREL (du Rhône). — Pour le filage, nous mentionnerons le général comte de POTIER, AMELOT DE CHAILLOU (du Loiret). — RATIER et FOURNIER (de Seine-et-Marne). —AUGÉ (des Pyrénées-Orientales).— Mlle SOMMIER (de la Côte-d'Or).—PILLE (de l'Aisne). — ROBINET (de la Seine). — NOYERS Frères, GUÉRIN Fils, CORNUD et Cie, BARRAL Frères, Ernest FAURE, CHARTRON Père et Fils, EYMIEU-PASCAL, PLANEL (de la Drôme). — PRADIER, DUMAINE (de l'Ardèche). — RIVALS, RIVIÈRE, FAURÉ, JAU (du Tarn).—Pierre CHOUILLOUX, V. SERRES (de la Meuse).—TAILLARD (de l'Allier). — COUDÈRE et SOUCARET Fils (du Tarn-et-Garonne). — ALEXANDRE (du Rhône). — DELARBRE-AGOIN (de l'Hérault). — GUEYMARD (de l'Isère). — GUÉNARD (de la Charente). — ROUVIÈRE Frères, TEISSIER-DUCROS, Louis CHAMBON, CARRIERE et REIDON, FABRÈQUE-NOURRIT, Scip. MÉRIAL (du Gard).

Dans le département de l'Ain des plantations nombreuses de mûriers se sont élevées ; le département de Seine-et-Oise voit prospérer les plantations et la magnannerie de M. Camille-Beauvais. Lors des expositions précédentes, on avait remarqué les produits des départemens de l'Allier, du Jura, et même du Bas-Rhin. De tels faits prouvent que les trois quarts du sol français peuvent admettre la culture du mûrier et l'éducation des vers à soie ; mais cette culture et cette industrie seront toujours plus avantageuses dans la partie méridionale du royaume.

La soie blanche, cette espèce précieuse importée de la Chine en France, augmente ses produits avec rapidité. Bourg-Argental et Roquemaure offrent les plus belles nuances; les Cévennes et la Provence s'efforcent de les produire; bientôt les soies de Nankin et de Novi ne pourront soutenir la concurrence avec cette espèce de produit de plus en plus amélioré par l'industrie française.

L'usage des appareils à la vapeur n'a point encore fait disparaître complètement les anciens procédés, plus coûteux et moins parfaits; cela se remarque surtout dans les pays de petite culture, où les propriétés sont très-morcelées; là, chacun exploite sa récolte et file ses cocons, dont la masse est trop peu de chose pour permettre la dépense d'un appareil à la vapeur. L'imperfection des soies filées avec l'aide des fourneaux isolés, produit un défaut inhérent aux pacotilles; c'est l'irrégularité qu'on reproche encore si justement à beaucoup de nos soies méridionales.

Pour remédier à cet inconvénient, il faudrait, dans les pays de petite culture, où le mûrier est généralement planté, des appareils publics à la vapeur qui fileraient successivement les cocons des particuliers, avec l'uniformité et la perfection qui sont si fort à désirer, et qui donneraient une valeur nouvelle aux soies des petits producteurs; c'est une idée que nous recommandons à la philanthropie des citoyens éclairés.

Si nous avouons avec sincérité ces imperfections, qui nuisent encore à la production de nos soies en beaucoup de localités, nous proclamons avec une vive satisfaction la supériorité d'un grand nombre de filatures françaises; nous citerons, dans le Gard, Alais, Ganges, Anduze et Saint-Jean; dans l'Ardèche, Privas, Aubenas; dans la Drôme, Saint-Vallier et Romans; dans Vaucluse, Lisle-Cavaillon, Bollène, Orange et Valréas; dans les Bouches-du-Rhône, Salon, Pelissanne et Roquevaire. Dans tous ces lieux, on trouve des établissemens qui, chaque année, mettent en usage des perfectionnemens nouveaux; beaucoup de filateurs adoptent les procédés depuis peu découverts pour faire disparaître le mariage des bouts et renouer ceux qui cassent à la roue. Avec ces moyens, on parvient à ne laisser au moulinage qu'un déchet de 1/2 à 1 p. %.

L'organsinage a reçu des améliorations importantes en quelques localités; dans l'Ardèche, il est supérieur à celui du Piémont; les filateurs de France, à Dieu-le-Fit, à Cavaillon, à Lisle, à Orange, ne connaissent pas de rivaux en Italie.

Depuis 1819, le filage des déchets, frisons ou bourre de soie pure ou mélangée, a pris un grand développement. On le doit à l'emploi des fils tirés de ces matières pour la confection des châles et des chapeaux. Cette industrie, pratiquée aujourd'hui dans un grand nombre d'ateliers, rivalise heureusement avec les produits étrangers; cependant il reste beaucoup à faire pour obtenir un filage également parfait de numéros de fils en plus élevés. On augmentera, par ces progrès, la valeur de la matière première, et les encouragemens qui doivent multiplier, avec la culture du mûrier, l'éducation des vers à soie.

Quant aux modèles de magnanerie, nous avons remarqué ceux de MM. FARCONNET (de l'Isère). — CLAIR, DIOUDONNAT, DAVRIL, TILLANCOURT (de la Seine). — MILLET et ROBINET (de la Vienne). — VENTOUILLAC (du Tarn). — MERCIER (de l'Hérault). — LANGEVIN et Cie (de Seine-et-Oise).

Qu'on juge, d'après ce qui précède, de l'immense prospérité à laquelle l'industrie de la soie serait appelée en France, si la sollicitude paternelle du gouvernement pouvait pénétrer enfin dans les misérables hameaux où cette industrie est dans un état voisin de la barbarie. La soie grège et filée pourrait baisser de prix, et nos soieries si brillantes, si bien exécutées, lutteraient victorieuses sur tous les marchés du monde contre les produits de Londres et de Manchester. Or, je le répète, pour en venir à obtenir ces résultats, il ne faut qu'un peu de bonne volonté. Nous soumettons ces idées à la profonde sagacité de M. le ministre du commerce, et nous désirons bien ardemment que les soies françaises, améliorées encore, figurent, avec toutes leurs variétés et leurs perfectionnemens, à l'exposition prochaine.

LIOUD (François) et Cⁱᵉ, à Annonay (Ardèche). — Médaille d'or en 1834. — Soie blanche.—Les mateaux trame blanche exposés par M. Lioud réunissaient, à la bonté de la soie, l'éclat de la plus belle couleur. Cette soie surpasse en blancheur la soie type de Nankin; elle a tout le nerf, toute la régularité qu'il est possible de souhaiter. Sans doute les cocons d'où provient cette soie ont une grande part à cette perfection, à laquelle contribuent le choix de la graine, ainsi que les soins et la propreté de l'éleveur ; mais le climat, le sol qui produit la feuille, la pureté de l'eau qui sert au filage, sont les causes principales de cette supériorité admirable; tels sont les avantages des localités d'Annonay, de Bourg-Argental, de Roquemaure, de Montfaucon, de Sauveterre, etc., etc. Dans ces localités, la graine ne s'abâtardit jamais, elle conserve sa pureté native, et de tous les pays à culture de mûrier, on vient y chercher des graines pour améliorer ou créer la production des soies blanches.

Les ateliers de M. Lioud fournissent actuellement près de 100 kilogrammes de cette qualité supérieure et trop rare encore.

NOYERS Frères, à Dieu-le-Fit (Drôme). — Médaille de bronze en 1834. — Échantillons de soie grège et d'organsin. — Trames et organsins d'un filage nerveux, d'un moulinage d'une grande netteté, remarquables dans leurs brins divers.

BARRAL Frères, à Crest (Drôme). — Médaille d'argent en 1834. — Organsin pour satin.—MM. Barral frères avaient exposé des échantillons d'organsin à flottes croisées, fabriquées avec les soies grèges de leur filature. La netteté du brin, la régularité du filage et du tors, attestent la bonté de leur ouvraison ; c'est une des fabriques les plus estimées.

CHARTRON Père et Fils, à Saint-Vallier et Saint-Donat (Drôme).— Médaille d'argent de deuxième classe en 1806, de bronze en 1819, médaille d'argent en 1823 et 1827, médaille d'or en 1834. — Échantillons de soie grège et organsins, crêpes et soies. — Leurs filatures et leurs ateliers de moulinage à Saint-Vallier, à Saint-Donat-le-Roman, occupent trois cents ouvriers ; ils ont encore un établissement de tissage pour le crêpe ou mousseline de soie qui fait travailler constamment trois cents ouvriers.

Cette industrie prospère depuis quarante ans dans la même famille, qui présente l'exemple rare d'une fabrication aussi persévérante et réellement complète, depuis le filage du cocon jusqu'à la teinture de la soie et jusqu'au tissage. Ils ont perfectionné toutes ces branches de leur industrie.

EYMIEU (PASCAL), à Saillans (Drôme). — Médaille d'argent en 1819, 1823 et 1834. — Soie fantaisie. — M. Eymieu, qui emploie dans ses ateliers au moins cent cinquante ouvriers, met en œuvre tous les débris de la soie et des soieries, depuis la découpure des châles jusqu'à la bourre la plus fine. Il est inventeur dans ses procédés de fabrication ; les filamens, qui cotonisent les filés de soie, disparaissent en grande partie par ses procédés. Grace à la simplicité de ses moyens, M. Eymieu établit à bon marché des fils appropriés à tous les genres de tissage.

HENNECART, à Paris, 5, rue Neuve-Saint-Eustache. — Médaille de bronze en 1834. — Gazes de soie. — La meunerie est devenue une science, de grossier travail qu'elle était il y a vingt années. Un grain de blé se compose d'une enveloppe, véritable sac à farine, et d'une partie cornée placée au centre même des grains. Cette dernière portion, lorsqu'elle est simplement concassée, forme les semoules ; pulvérisée, elle donne la délicate farine de gruau. Il faut donc que les meules agissent sur le grain avec une précision calculée, et, pour ainsi dire, avec discernement : elles y sont parvenues. Maintenant, comment séparer toutes ces particules diverses ? c'est l'office du blutoir, et le blutoir est composé de réseaux gradués, qui donnent, s'ils sont bien construits, un partage d'une merveilleuse perfection. On a employé la laine, le coton, les fils métalliques, puis enfin la soie plus fine, plus lisse, plus souple, plus résistante, plus facile à travailler, et donnant enfin des ouvertures plus nettes. La Hollande a eu le monopole de ce tissu, dont elle fabrique encore des quantités considérables ; puis la Suisse y a obtenu un grand succès, que le midi de la France a essayé d'atteindre. Nous savons que d'habiles fabricans lyonnais s'y sont essayés et n'ont pas réussi. Il était réservé à M. Hennecart, fabricant de gazes à Paris, mais dont les ateliers sont établis à Saint-Quentin, d'atteindre la plus haute perfection dans la gaze à bluterie. Nous disons gaze, et non pas toile, parce que, dans la gaze, chaque fil de trame est solidement assujetti au fil de chaîne, de manière à ce que l'ouverture formée par l'espace entre les fils soit tout-à-fait invariable ; dans la toile, ces fils demeurent simplement superposés. Ainsi donc, régularité dans le diamètre de chaque ouverture pour le numéro cherché, netteté absolue, rondeur et invariabilité de l'ouverture, tel est le beau et utile problème résolu par M. Hennecart, de la manière la plus satisfaisante, et l'on comprendra toutes les difficultés qu'il a eues à vaincre, en songeant que beaucoup y ont échoué, et qu'il s'agit en définitive de faire mouvoir, à chaque passage de trame, une somme de 85,248 fils, dans un espace de 1 mètre 18 centimètres. M. Hennecart a été plus loin encore ; concevez, si vous pouvez un tissu à mailles, bien et visiblement ouvertes, ayant 24,480 trous au pouce carré ! Pour les gazes larges destinées au son, l'honorable industrie utilise les grosses soies dures et sauvages de l'Inde. Il est l'auteur encore d'une modification importante dans la pose des lès de soie sur les bluteaux ; il est parvenu à combiner cette pose de manière à pouvoir changer ou remplacer un lès qui se détériore, sans déranger en rien l'économie de ceux qui seraient intacts et qui peuvent rendre encore de bons services.

Il est des pièces de dorure, en grande dimension, qui ne peuvent se placer sous verre et qu'on veut cependant garantir de la souillure des insectes ailés, aussi bien que du contact trop vif et, chimiquement parlant, fort nuisible de l'air. La gaze ordinaire ne pare ces inconvéniens que d'une façon fort imparfaite. M. Hennecart avait exposé, pour cet usage, une gaze glacée et imperméable à l'air, d'une finesse, d'une légèreté incomparables. La transparence et la solidité sont surprenantes ; il la nomme *gaze d'argent*.

SOMMIER (Mlle), à Dijon (Côte-d'Or). — Soie filée et costes peignées, perfectionnemens — Les échantillons de soie filée et peignée mis à l'exposition par Mlle Sommier provenaient de cocons obtenus en 1834 ; cette soie, d'une belle qualité, a été vendue, à Lyon, 80 fr le kilog.

COUDERC (Antoine) et SOUCARET Fils, à Montauban (Tarn-et-Garonne). — Mention honorable en 1834. — Flottes de soie, toiles de soie à tamis. — MM. Antoine Couderc et Soucaret fils sont à la tête d'une manufacture considérable de toile de soie ou gazes perfectionnées pour passer la farine, et d'une filature de soie. Voici le détail des objets qu'ils avaient envoyés à l'exposition.

Soie. 2 flottes blanches, 2 flottes jaunes, divers titres, de toute régularité, sans mariages.

Toile de soie. 15 coupons de 12 aunes chacun, numéros 8, 10, 12, 15... 30... 45, 50 55... 125, 130, 140... 150... 160... 180... 210... fils au pouce.

Parmi ces tissus, tous très-bien fabriqués, on distinguait :

1° Le n° 12, fils au pouce de 144 ouvertures au pouce carré ; tissu rendu *inéraillable* par cela seul que chaque fil de la trame est étreint entre deux doubles tortillemens des fils de la chaîne.

2° N° 180, fils au pouce de 32,400 ouvertures au pouce carré.

3° N° 210, fils au pouce de 44,100 ouvertures au pouce carré.

Ces derniers ont été reconnus très-blutans, malgré leur extrême finesse, par le jury départemental, qui a consigné ce fait dans son rapport, après expérience faite en présence de M. le préfet du département de Tarn-et-Garonne.

MM. Antoine Couderc et Soucaret sont les seuls fabricans qui aient envoyé à l'exposition des toiles à tamis semblables aux numéros extra 180-210 ; pour ce qui est des autres numéros de leur fabrication, ils ont conservé une glorieuse supériorité.

Les peignes d'acier qui ont servi à MM. Antoine Couderc et Soucaret fils pour faire les n°° 180 et 210, étaient à l'exposition ; ils sortent des ateliers de MM. Chatelard et Perrin, de Lyon, dont nous aurons occasion de parler ci-après, qui ont tenu à les exposer avec étoffes pendantes, afin de détruire cette opinion accréditée, à Lyon même, que de pareilles réductions sont impraticables.

MM. Antoine Couderc et Soucaret fils nous ont adressé un échantillon des trois numéros que nous signalons à l'attention de nos lecteurs ; après avoir examiné avec la plus sérieuse attention l'exposition de cette année, et les documens des expositions précédentes, nous sommes demeurés convaincus que jamais on n'a rien fait de mieux, ni d'aussi fin en France, et nous croyons pouvoir ajouter qu'à l'étranger il n'existe pas de tissu capable de bluter au moins *quarante-quatre mille molécules par pouce carré*, comme le peut faire le n° 210 de MM. Antoine Couderc et Soucaret fils.

Les n°° 10, 15, 30, 45, 50 et 55, sont fabriqués à l'instar des gazes suisses. Les qualités exposées par MM. Antoine Couderc et Soucaret fils sont supérieures et d'un prix inférieur à celles fabriquées par nos voisins ; leurs dépôts, qui commençaient à prendre, tombent maintenant ; à MM. Antoine Couderc et Soucaret fils l'honneur d'avoir anéanti cette concurrence étrangère, en imitant les premiers ses produits.

Nous avons peut-être glissé un peu trop légèrement sur le mérite des soies de la filature de ces messieurs, qui se faisaient remarquer par la régularité et la finesse de leurs divers tissus.

En résumé, MM. Antoine Couderc et Soucaret fils nous paraissent avoir porté la fabrication des toiles de soie et les filatures de cette matière au plus haut degré de perfectionnement possible ; tout ce qui se fait en France et à l'étranger, concernant leur industrie, ces messieurs le confectionnent avec distinction, et ils ont des produits que ni la France ni l'étranger n'avaient présentés avant eux, produits d'utilité réelle, nous pourrions presque dire de première nécessité, et qu'à ce titre nous ne saurions trop recommander à la bienveillante attention de nos lecteurs.

LARDIN Frères, à Saint-Rambert (Ain).— Médaille d'argent en 1827 et 1834.— Soies filées, flottes et bobines. — MM. Lardin frères possèdent un établissement où plus de deux cents ouvriers sont habituellement employés ; ils avaient envoyé à l'exposition des fils thibet n° 104 ; ces fils se sont fait remarquer par leur finesse, leur netteté et leur solidité.

LANGEVIN et CIE, à Laferté Aleps (Seine-et-Oise).—Médaille d'argent en 1834 décernée à MM. Wats Wriglay et CIE, précédens propriétaires de l'établissement. — Echantillons de bourre de soie filée. — Le bel établissement, dirigé maintenant par MM. Langevin et Cie,

prépare la bourre de soie avec des machines et des procédés empruntés à l'Angleterre, et qui font travailler deux cent cinquante ouvriers. Ils façonnent annuellement 20,000 kilogrammes de soie filée ; Paris, Amiens, Lyon et Nîmes, emploient ces produits purs ou mélangés avec de la laine ; ils rivalisent avantageusement avec ceux de l'Angleterre.

TESSIER DUCROS à Valleranque (Gard). — Médaille d'argent en 1823 et 1827, médaille d'or en 1834.—Échantillons de soie grège.—Ses soies blanches joignent à l'éclat de la nuance la perfection du fil; elles présentent toutes les combinaisons de brins, depuis 2 jusqu'à 24 cocons. Pour obtenir avec une grande régularité le fil à 24, il divise les cocons en cases dans la bassine. Il fabrique des soies ouvrées pour tulle qui sont d'une grande beauté; ses poils sans apprêt sont travaillés avec soin.

BRUGUIÈRE et BOUCOIRAN, à Nîmes (Gard). — Médaille de bronze en 1834. — Échantillons de soie grège et ouvrée. — Série d'échantillons, depuis le cocon jusqu'à la soie à coudre perfectionnée. Toutes ces ouvraisons sont faites dans leurs ateliers qu'ils dirigent avec intelligence.

PAGÈS Fils et Cⁱᵉ, à Nîmes (Gard). — Mention honorable en 1834. — Échantillons divers de soie ouvrée, poil jaune et blanc, filée dans leurs ateliers. — Cette ouvraison faite avec soin et propreté est digne d'encouragement.

BEAUVAIS (Camille), aux bergeries de Sénart (Seine-et-Oise). — Médaille d'argent en 1834. — Échantillons de soie blanche. — Il a présenté des soies blanches à 3, 4, 5, 6 et 7 cocons, nerveuses, régulièrement filées et d'une couleur avantageuse. C'est le produit des 40,000 mûriers qu'il a plantés et des vers qu'il élève. Il a construit des magnaneries vastes et bien disposées, aérées et chauffées suivant un système nouveau, supérieur aux anciens procédés. Par la combinaison de courans d'air libre et d'une chaleur constante, portée au degré nécessaire à chaque époque, il préserve les vers des miasmes et des maladies qui les attaquent dans les climats chauds; enfin, il file à la vapeur.
M. Camille Beauvais offre à l'agriculture de la France septentrionale un magnifique exemple qui, nous l'espérons, ne restera pas stérile.

CHASSERON (Baron de), à Paris, 31, rue de la Chaussée d'Antin.—Soie grège et qui fait honneur aux efforts constans du noble industriel. — HAMELIN, à Paris, 264, rue Saint-Denis.—Médaille de bronze en 1834. — Soies à coudre remarquables et de diverses couleurs. — BOULLENOIS, à Paris, 8, place de l'Hôtel-de-Ville. — Soies grèges d'une

belle qualité.— CHARDIN, à Paris, 175, rue Saint-Denis. — Médaille de bronze en 1834.
—Soies à coudre et à broder qui se distinguent par la beauté de la couleur et la régularité
de l'apprêt.—M. Chardin occupe dans ses ateliers plus de trois cent cinquante ouvriers.—
PRADIER(Joseph), à Annonay (Ardèche).—Écheveaux de soie grège d'une belle qualité.
—DUMAINE, à Tournon (Ardèche). — Échantillons de soie grège.—FOURNIER, à May
(Seine-et-Marne). — Échantillons de soie récoltée sur les propriétés de l'exposant. —
MILLET et ROBINET, magnanerie de Poitiers (Vienne). — Écheveaux de soie filée. —
MILLET (Mme), magnanerie de la Cataudière, près Chatellerault (Vienne). — Éche-
veaux de soie filée. — GÉRIN Fils, à Valence (Drôme). — Soies grèges et organsin. —
CORNUD et Cie, à Montélimart (Drôme).—Très-beaux échantillons de soies grèges et
d'organsin jaune pour satin. — FAURE (Ernest), à Saillans (Drôme). — Soies grèges et
organsin.—PLANEL, à Saillans (Drôme).—Très-beaux écheveaux de soie.—GUÉNARD,
à Saint-Yriex (Charente). — Mention honorable en 1834. — Échantillons de soie. —
AUGÉ, à Perpignan (Pyrénées-Orientales). — Beaux échantillons de soie grège. —
CORBIÈRE aîné, à Perpignan (Pyrénées - Orientales). — Beaux échantillons de soie
grège. — LAGASSÉ (André) et MOLINIER (Jacques), à Lavaur (Tarn). — Beaux
échantillons de soie filée à six cocons.—MARAVEL (Isidore).— RIVIÈRE (Jean-Pierre).
—FAURE (François) et RIVIÈRE (Guillaume).—JAU (François) et SEPET (Madeleine).
— BASTIÉ (Joseph) et DONADILLE (François). — RIVALS (Armand), tous à Lavaur
(Tarn), ont exposé de beaux échantillons de soie filée à six cocons. — PILLE, à Soissons
(Aisne). Mention honorable en 1834.—Une boîte contenant de la soie.—TILLANCOURT
(de), à Montfaucon (Aisne). — Beaux échantillons de soie. — MERCIER, à Montpellier
(Hérault).— Échantillons de soie.—DELARBRE AIGOIN, à Ganges (Hérault). — Beaux
échantillons de soie grège et ouvrée. — LAURET Frères; à Ganges (Hérault). — Une
flotte de soie blanche.—RATIER, à Fay (Seine-et-Marne).—Échantillons de soie blanche.
—GUEYMARD (Émile), à Grenoble (Isère).— Échantillons de soie. — ALEXANDRE, à
Lyon (Rhône).—Échantillons de soie grège.—CARRIÈRE et REIDON, à Saint-André de
Valborgne (Gard). — Flottes de soie grège notées 1 à 2. — CHAMBON (Louis), à Alais
(Gard).—Échantillons de soie grège et ouvrée.—ROUVIÈRE Frères, à Nîmes (Gard), —
Divers échantillons de soie ouvrée. — TOURSEL, à Arras (Pas-de-Calais). — Échantillon
de soie obtenue en 1837 à Arras. Les vers ont été nourris de feuilles de mûriers blancs
sauvageons récoltés à Arras.—POTIER (le Général Comte de), à la magnanerie de Lancy,
près Montargis (Loiret). — Joli échantillon d'échevette de soie blanche. — AMELOT DE
CHAILLOU (le Marquis), à la magnanerie de Lamivoye (Loiret). — Échantillon d'échevette de soie blanche qui promet de beaux résultats.

SECTION II.

SOIERIES.

Au nom seul de la magnifique industrie dont nous allons rendre compte, l'imagination nous transporte dans la cité qui nous place au premier rang parmi les peuples habiles à mettre en œuvre la soie. La ville de Lyon, sa grandeur et sa richesse, son génie et ses malheurs, semblent s'identifier avec les arts dons nous avons à signaler les chefs-d'œuvre. Nous laissons à la politique le soin d'expliquer certaines causes de perturbations et les scènes sanglantes qui s'en sont suivies. Cependant nous ne pouvons détourner nos regards d'un motif réel à des souffrances exagérées par le langage des passions, mais trop graves pour les laisser inaperçues.

A Lyon comme à Paris, les dépenses municipales ont été graduellement augmentées, sans prévoyance de l'avenir ; des dettes considérables ont été contractées ; il a fallu par des octrois, aggravés avec rapidité, solder les dépenses du présent, et servir les intérêts des prodigalités du passé. La vie par là devint plus chère; il aurait fallu, pour que le sort de l'ouvrier restât le même, accroître pareillement le prix de la main-d'œuvre. Mais alors Lyon ne pouvait plus soutenir la concurrence pour ces tissus simples, unis, légers, dont le bas prix fait le mérite.

En même temps, des rivaux sobres et pauvres, vivant au sein de la campagne, à l'abri des charges urbaines, se sont multipliés dans le canton de Zurich pour la fabrication de ces tissus.

Il n'a donc plus été possible de fabriquer dans Lyon les soieries unies et légères, sans abaisser le prix du travail jusqu'aux limites qui font toucher à la misère.

En des temps calmes et paisibles, sans pousser à la révolte contre la nécessité des choses, les ouvriers comme leurs chefs auraient compris qu'il fallait transporter cette industrie misérable, de la ville à la campagne, afin de rétablir l'égalité des avantages entre les Français et les Suisses.

Paris même eût offert l'exemple de cette division des industries dans la riche fabrication des cachemires. Tous les travaux qui réclament une haute intelligence, un talent chèrement payé, sont accomplis dans la capitale ; mais les travaux plus faciles de filage et de tissage sont accomplis dans les campagnes de la Picardie.

Depuis les scènes sanglantes de 1831 et de 1834, la peur a produit, comme conséquence, la division du travail, division que la prudence aurait dû réaliser par prévi-
sion ; les départemens des Hautes-Alpes, de l'Isère et de l'Ain se peuplent rapidement
d'ouvriers qui fabriquent les tissus unis et légers. Ainsi dégagée d'une industrie qui ces-
sait d'être avantageusement praticable dans ses murs, Lyon reste sans rival pour les fabrications les plus riches et les plus variées.

Des compensations sont actuellement offertes à cette ville, par la création d'étoffes
nouvelles, et par le développement soudain de quelques genres exploités déjà.

La fabrication des peluches pour chapeaux, inconnue il y a cinq ou six ans, et depuis
empruntée à l'Allemagne, occupe actuellement un très-grand nombre de bras.

Cependant, qui le croirait ! ce n'est pas la main-d'œuvre souffrante des tissus unis et
légers à laquelle il faut rapporter les coalitions, les révoltes et le sang de février, de mars
et d'avril 1834 ; c'est à la fixation des prix de cette industrie nouvelle, croissante et pro-
fitable, des peluches, pour laquelle une assurance mutuelle de conspirateurs industriels
ne voulait pas permettre l'inévitable fluctuation des salaires, occasionnée par le niveau si
variable des commandes et des prix du commerce.

Une autre industrie présente à Lyon des ressources croissantes. Le velours léger, qui
rivalise avec celui de Hollande sans l'imiter complètement, est devenu l'objet d'une fabrication très-importante. Il y a quinze ans, l'on ne comptait que 1,500 à 2,000 métiers
consacrés au velours ; on en compte aujourd'hui 4,500, mais beaucoup sont établis hors
de la ville.

Une extension considérable est donnée à la confection des étoffes à gilet, façonnées
et brochées, suivant une grande variété de genres ; ces produits, qui jouissent aujour-
d'hui d'une extrême faveur, mettent en activité beaucoup de métiers.

C'est surtout l'impression qui procure aux ouvriers un accroissement de travail. L'activité la plus remarquable anime cette branche d'industrie. Les fabricans lyonnais se
sont adressés d'abord aux usines de l'Isère, bientôt devenues insuffisantes ; il s'est élevé
de nombreux ateliers d'impression dans la ville et dans son voisinage. Les produits que
nous signalons ont mérité leurs succès par une exécution hardie, par un dessin large,
à effets, à couleurs vives, habilement tranchées et savamment opposées.

La fabrication des tissus façonnés a fait d'heureux efforts pour étendre le cercle de ses
débouchés : loin de se borner aux produits de luxe et d'exportation, elle a profité de la
mode, en France, qui dédaigne aujourd'hui le simple et l'uni, pour faire entrer ses beaux
produits dans la consommation générale. A chaque saison d'automne, elle sait varier
habilement ses armures, pour donner à ses produits l'attrait de la nouveauté.

Sans dissimuler les dangers d'une concurrence étrangère, chaque jour plus habile et
plus active, il ne faut pas fermer les yeux sur les ressources immenses de la fabrique
lyonnaise, sur l'imagination fertile et le bon goût de ses artistes, sur l'art qu'ils ont de de-
vancer ou de satisfaire la mode. L'ouvrier lyonnais est d'une habileté, d'une adresse et
d'une intelligence incomparables : né, pour ainsi dire, sur le métier, il en conçoit toutes
ses ressources; il n'est pas de fabrique où l'homme ait plus de valeur par lui-même, il n'en

est pas où la capacité de l'ouvrier soit plus appréciable et mieux appréciée qu'à Lyon.
La fabrique d'Avignon, contente de la part qu'elle s'est faite, s'occupe peu d'innover
elle borne son industrie au tissage du florence et de la marceline , en y joignant le foular
écru pour l'impression ; mais elle n'a pas de rivale en France dans le genre qu'elle a chois
L'étranger ne lui fait de concurrence redoutable que dans les bas prix ; car , pour le
qualités moyennes et fines, elle conserve la supériorité. Deux fabricans que nous auron
à signaler ont heureusement tenté l'imitation des velours de Crevelt ; c'est une véritab.
conquête sur l'étranger.

Nîmes confectionne peu d'étoffes de soie pure en aunagé, mais beaucoup pour foular
et pour cravates, qui sont l'objet d'une exportation considérable ; ce qui prouve qu'à c
égard nous soutenons avantageusement la concurrence avec l'Angleterre. La fabrique d
Nîmes excelle surtout à mélanger la soie pure avec la bourre de soie et le coton , d'o
résultent des produits peu coûteux et très-apparens. Elle rivalise avec Lyon pour les soi
ries imprimées , ouvrées, à bas prix et à effet. En 1827 , elle ne comptait qu'un atelier pou
l'impression ; maintenant elle en compte dix qui prospèrent par le bon goût du dessin
par le talent de varier les fabrications.

Aujourd'hui la fabrique de Nîmes occupe 8,000 métiers et 25,000 travailleurs pour le
seuls objets de tissage et d'impression. Si cette ville obtient enfin des eaux abondantes
son industrie prendra par ce bienfait un nouvel essor.

La fabrique lyonnaise s'est toujours montrée quelque peu dédaigneuse des expositions
elle n'accepte pas volontiers pour juge de ses produits un jury complètement étranger à s
travaux, et il faut avouer qu'elle n'a pas complètement tort. Cependant la question a u
côté national qui ne devrait pas échapper aux chefs honorables de cette belle fabrique ;
s'agit aussi de montrer notre puissance, toute notre puissance industrielle aux étrangers q
abondent dans la capitale pour ces solennités, et si l'obtention d'une médaille est un fait
mince importance aux yeux de tel manufacturier éminent , dont la réputation n'a p
beaucoup de relief à en recevoir, l'intérêt général vaut bien la peine qu'on y pense, et pu
en industrie il ne faut jamais avoir l'air de donner sa démission ; trop d'yeux en deho
sont trop intéressés à nous prendre au mot. Nous verrons cependant les beaux ouvrag
que Lyon expose, et surtout nous ne négligerons pas les œuvres modestes d'un usage pl
général et partant plus utiles.

GRAND Frères , à Lyon (Rhône). — Médaille d'or en 1819, 1823 et 1827 , hors
concours en 1834.—Étoffes pour ornemens d'église et ameublemens.—MM. Grand frère
par la perfection continuelle de leurs produits, se sont presque mis dans l'impossibili
de se surpasser eux-mêmes. Les magnifiques étoffes pour ornemens d'église et pour ame
blemens qu'ils ont exposées en 1834, et qui étaient destinées, les unes pour la chambre
la reine , les autres pour l'hôtel-de-ville de Lyon, ont prouvé à cette époque qu'ils étaie
toujours dignes des hautes récompenses qu'ils avaient obtenues antérieurement; cependa
MM. Grand frères n'ont pas obtenu à l'exposition de cette année autant de succès qu

celle de 1834, mais ce n'est peut-être pas leur faute : on n'a pas tous les jours à décorer le trône d'un sultan indien ou le boudoir d'une reine européenne. }

OLLAT et DESVERNAY, à Lyon (Rhône). — Médaille d'or en 1827 et 1834. — Cravates, foulards, écharpes et autres articles en soie. Châles en velours. — Ces messieurs avaient exposé un magnifique assortiment de tissus de fantaisie, gazes marabouts découpées, brochées, à riches dessins, mousselines brochées en soie et dorure, pour robes de bal, gazes marabouts imitant la dentelle et les pierres fines pour coiffures et pour modes, dont les dessins sont d'un bel effet; écharpes, châles tissus, grenadine cristal, mousselines de soie chinées et brochées; écharpes à tissu diaphane, brochées en soie et dorure ; châles unis tissus à cordonnet de soie.

MM. Ollat et Desvernay dépensent chaque année plus de 300,000 fr. en frais de main-d'œuvre, et réunissent ainsi la grandeur des opérations commerciales et l'excellence du travail. Nous ne saurions donner trop d'éloges aux produits qu'ils avaient exposés, parmi lesquels nous devons particulièrement citer leurs peluches imitant la fourrure, dont le tigré est charmant.

LEMIRE, DANGUIN et Cᴵᴱ, à Lyon (Rhône). — Médaille d'or en 1827, rappel en 1834. — Étoffes de soie pour ornemens d'église et ameublemens. — Ils ont exposé des brocarts d'or et d'argent, des damas et des velours façonnés pour ameublemens, de riches satins brodés pour robes de luxe. Tous ces objets attestent dans leur genre la supériorité de la fabrique lyonnaise. Nous croyons destinés au Levant ces superbes tissus brochés, à combinaisons savantes, où l'or et l'argent s'unissent aux plus belles couleurs.

MATHEVON et BOUVARD, à Lyon (Rhône). — Médaille d'argent en 1823 et 1827, médaille d'or en 1834. — Étoffes brochées pour ornemens d'église et ameublemens. — Brocarts d'or et d'argent pour tentures et pour ornemens d'église, étoffes de soie pour meubles; satins façonnés et riches pour robes, châles de satin brochés et nuancés avec goût.

On a surtout admiré parmi les produits de MM. Mathevon et Bouvard, un tissu de brocart or et argent, broché en chenille, d'une belle fabrication, ainsi qu'une tenture brochée, or et soie, nuancée.

Si nous trouvons quelques traces de mauvais goût et de clinquant dans leurs grands brochés argent et or pour meubles, d'autres sont du goût le plus exquis et de la plus habile exécution ; un gros de Tours rayé, satin spoliné à la main, est extrêmement gracieux, et rien n'égale la magnificence de leurs étoffes pour ornemens d'église.

DIDIER, PETIT et Cᴵᴱ, à Lyon (Rhône). — Médaille d'argent en 1827, rappel en 1834. — Étoffes pour ornemens d'église et pour ameublemens. — Nous ne pouvons donner une idée plus complète et plus juste des belles étoffes qui sortent des ateliers de la maison Didier, Petit et Cie, qu'en décrivant d'une manière succincte, et par ordre de numéros, les produits que ces habiles fabricans ont étalés sous nos yeux.

— 1, 2, 3. Damas pour ameublement, grands dessins dans le genre des étoffes du XVIIIe siècle. — 4, 5. Damas deux couleurs sans envers pour ameublement; cette étoffe acquiert beaucoup de force au moyen d'une trame de fil, qui est entièrement cachée dans l'étoffe, et qui ne nuit en rien à son éclat, de manière que cette étoffe est aussi belle d'un côté que de l'autre. — 6, 7, 8 et 9. Coteline, deux couleurs, soie et coton, pour ameublement; cette étoffe, qui se faisait en damassé, ton sur ton, offrait une grande difficulté pour être fabriquée en deux couleurs; MM. Didier, Petit et Cie, sont venus à bout de la vaincre et ont ainsi offert à la consommation une étoffe d'un bel effet à un prix modéré. — 10, 11, 13, 14, 15, 16. Damas lampas, deux et trois couleurs, pour ameublement. — 12. Même genre avec un mélangé de fil de lin, pour lui donner plus de force et remplacer l'apprêt. — 17, 18, 19, 20 et 36. Divers échantillons d'étoffes extra-riches, et même emploi, dans les genres mauresque, renaissance, gothique et de fantaisie, exécutés avec toute la pureté et la richesse possible, et néanmoins avec économie. — 21, 22. Bordure pour tenture et rideaux. — 23. Garniture de châsse, ornemens d'église exécutés avec toute la richesse que permet cette consommation. — 24. Voile d'exposition pour le Saint-Sacrement ou voile de calice, fond clinquant d'or sur lequel repose le voile de sainte Véronique, où est représentée en broché ou la sainte face de N. S. J.-C. — 25, 26. Deux croix pour chasuble dans le genre de celles du moyen âge et de la renaissance : l'une représente la Vierge des graces, ou la médaille miraculeuse entourée de divers sujets des litanies de la sainte Vierge ; l'autre le Sauveur du monde ouvrant son cœur au-dessus d'un calice orné, qui se fond avec les ornemens de la croix, au milieu desquels sont des médaillons représentant les quatre évangélistes ; sur le devant de la croix, la Mère des douleurs et saint Joseph. — 27. Croix de chasuble en brocart d'or relevé en bosse sur un fond d'argent, ayant pour sujet principal la tête du Christ en profil, exécutée par un procédé nouveau, imitant autant que possible le bas-relief. — 28, 29, 30. Satin pour meubles espouliné et mélangé de soie et d'or pour ameublement, imitation de la broderie. — 31. Monument élevé à Joseph-Marie Jacquart, de Lyon, inventeur de la mécanique qui porte son nom. MM. Didier, Petit et Cie ont pensé qu'il convenait d'élever un monument à ce célèbre mécanicien au moyen des seules ressources qu'offre cette invention. Ils ont, en conséquence, fait exécuter sur un fond gros grain blanc le portrait de Jacquart, d'après le tableau de M. Bonnefond, en imitant autant que possible la gravure. Jacquart est représenté assis, au milieu de son atelier, devant sa mécanique, et entouré de tous les ustensiles et objets relatifs à son art. Au bas de ce tableau on lit l'inscription suivante :

A LA MÉMOIRE DE J.-M. JACQUART ;

TRIBUT D'HOMMAGE DE DIDIER, PETIT ET COMPAGNIE, DE LYON.

Nous terminerons ici cette revue des produits de cette estimable maison, qui a encore exposé diverses autres étoffes pour ameublement, et nous pensons qu'elle suffira pour donner une haute idée de leur beauté et du bon goût qui préside à leur fabrication.

POTTON, CROIZIER et Cie, à Lyon (Rhône). — Médaille d'argent en 1834. — Ils fabriquent, avec un rare degré de perfection, diverses étoffes pour robes, en gros de Naples, en satin façonné et liseré. On a surtout distingué, dans leur bel assortiment, l'étoffe double appelée *sylphide*, imitation parfaite d'une gaze brodée, posée sur une étoffe de soie unie, d'une couleur différente : ce produit, d'une exécution difficile, a le mérite du bon goût et jouit d'un grand succès. La case de MM. Potton, Croizier et Cie, étaient toujours, à l'exposition, environnée d'une triple enceinte de dames : c'étaient des cris d'admiration devant ces robes délicieuses, c'étaient des regards furieux de convoitise : on n'a jamais, en effet, produit des étoffes de meilleur goût. On dit ces messieurs en grande réputation à l'étranger, et, il faut l'avouer, cette réputation est merveilleusement justifiée par leurs produits.

SERVANT et OGIER, à Lyon (Rhône). — Médaille d'argent en 1834. — Étoffes pour cravates et gilets. — La plus jolie collection de gilets façonnés, mise à l'exposition, appartenaient à ces messieurs qui avaient exposé une variété remarquable d'étoffes en soie parée, soie et coton, soie, laine et coton, fabriquées avec habileté. MM. Servant et Ogier ont pris une grande part au développement si considérable qu'a reçu depuis quelques années ce genre de fabrication.

GODEMAR et MEYNIER, à Lyon (Rhône). — Velours et étoffes de soie façonnées et brochées, machines à brocher. — La case de MM. Godemar et Meynier était d'une fraîcheur ravissante ; c'était une profusion de gros de Tours, satins, velours et foulards, spolinés mécaniquement à l'aide de leur battant brocheur, dont nous conterons les merveilles dans nos articles sur les machines. Ce mode de travail, pour la fermeté de l'exécution, l'emporte évidemment sur le spoliné à la main ; combien faudrait-il de temps pour exécuter un ordre de cinquante pièces en ce genre ? au moins quatre ou cinq mois ; or, à l'aide du battant brocheur mécanique, six semaines suffiront. Calculez maintenant.

BUREL Frères, à Lyon (Rhône). — Étoffes pour ornemens d'église, cravates, châles. — Rien n'égale le succès obtenu par le châle velours noir plein, avec guirlandes de fleurs, satin bleu saphir, exposé par MM. Burel frères. Leurs soies spolinées et leurs riches étoffes pour ornemens d'église, ont recueilli les hommages les plus flatteurs.

RICHARD et ZACHARIE, à Lyon (Rhône). — Velours façonnés. — Les châles satins et

velours exposés par ces messieurs, étaient si désavantageusement placés dans les salles de l'exposition ; ils étaient si haut, si loin de toute lumière diurne, dans l'antre le plus profondément obscur de l'exposition, que nous n'avons pu en admirer toutes les beautés ; ceux de velours plein, à ornemens de velours frisés, étaient plus en vue, et les dames s'extasiaient devant leur élégance.

ARGUILLÈRE et MOURRON, à Lyon (Rhône). — Étoffes de soie unie. — Autrefois, on ne savait pas tisser les soies *ouvertes*, à Lyon ; elles donnent cependant aux *lustrines* de Florence ou florentines, ce brillant, cet éclat qui les a toujours fait rechercher. De plus, elles sont moins coûteuses, puisqu'elles exigent moins de travail d'ouvraison. MM. Arguillère et Mourron ont apporté dans la création de ce tissage, en France, une persévérance si opiniâtre dans leurs essais et leurs sacrifices ; ils ont mis tant de patience à former les ouvriers qui se refusaient à tisser ce fil poilu et inusité, que le succès le plus satisfaisant est venu couronner leurs efforts. Donc, avec une soie très-grosse, à peine tordue, irrégulière, à bas prix, ils ont pu fabriquer, pour la première fois à Lyon, un taffetas extrêmement brillant, et, ce qui vaut mieux encore, à très-bon compte ; ce qui assure une fabrication énorme, une vente énorme sur les marchés étrangers où désormais nous pouvons tenir la concurrence, avec des avantages certains. Nous insistons beaucoup sur le brillant de cette lustrine, qui n'a reçu aucun apprêt ; il est bien le résultat de la manière dont la soie a été organisée ; cela est d'un effet merveilleux. Nous avons cependant quelque reproche à adresser au noir qui n'est pas beau ; mais ceci est affaire de teinturier, et n'affecte en rien la haute perfection de la nouvelle étoffe.

Il en est une autre, des mêmes fabricans, qui ne mérite pas moins d'attention. C'est une espèce de gros, que les honorables fabricans nomment *cuir-soie*, en noir fin, tout cuit. Il a *douze mille fils de chaîne*, dans une largeur de dix-huit pouces, à trois fils triples par dent, réduction la plus forte qui eut certainement jamais été tentée en ce genre. La soie est aussi très-ouverte ou peu tordue, ce qui revient au même ; grosse, poilue, irrégulière, et cependant nous ne connaissons point d'étoffe aussi forte en soie, douce au toucher et moelleuse comme celle-là. Le prix est de 5 fr. 50 c. le mètre. Voilà encore une précieuse conquête pour Lyon, d'abord, car déjà les étrangers, qui ont bien su découvrir ces modestes tissus à l'exposition, tandis que notre public parisien ne se doutait pas même de leur existence ; les étrangers, disons-nous, ont admiré la lustrine et le cuir-soie, et se sont hâtés de faire des commandes qui occuperont les ouvriers pendant plus d'un an ; ensuite il y a conquête aussi pour nos dames qui prennent goût au châle de soie noir ; elles le porteront plus beau certainement et à meilleur compte. Ajoutons que l'ouvrier gagne autant que s'il tissait des soies de première qualité ; que le mode de tissage n'entraine point de frais considérables, qu'il facilite désormais l'emploi de toutes les basses qualités jusqu'ici rejetées des unis, où l'on croyait ne pouvoir les utiliser ; qu'enfin il permettra la création d'une multitude d'articles à bas prix, ressource industrielle toujours précieuse dans une ville telle que Lyon, matière certaine d'exportation lucrative.

Voilà des services bien compris à Lyon, et que nous voudrions faire retentir aux oreilles parisiennes.

FOURNEL (Victor), à Lyon (Rhône). — Étoffes de soie pour ameublement, coussin tout monté. — Nous ne savons plus comment on nomme le vieux tissu rajeuni exposé par M. Victor Fournel; ce doit être un nom assez laid, mais l'étoffe est charmante, bien faite, d'un goût exquis. M. Hilaire Renouard, à qui appartient cette étoffe, avait eu l'idée spirituelle d'en faire recouvrir une élégante causeuse, si élégante même qu'au lieu de s'y asseoir, on éprouvait la singulière envie de la placer sous verre.

EYMARD, DREVET et CIE, à Lyon (Rhône). — Étoffes façonnées, soie, laine et coton. — Ces messieurs avaient exposé de jolies peluches chinées et des crêpes de chine brodés, dont les dispositions sont très-heureuses.

VIDALIN, à Lyon (Rhône). — Médaille d'argent en 1834. — Étoffes en tous genres. — Cet habile industriel, dont les ateliers occupent cinq cents travailleurs, avait exposé, en 1834, des essais de teinture dont on s'était un peu moqué. On nous avait dit, à nous ignorans, qu'il y avait dans tout cela mauvais charlatanisme, et, sans y croire tout-à-fait, il nous était resté des doutes. Aujourd'hui ce n'est plus possible, et M. Vidalin a dignement répondu à ses détracteurs. Aujourd'hui il expose des tissus écrus, soie et laine, et place en regard les mêmes tissus teints, la laine d'une couleur, la soie d'une autre, avec la plus complète réussite. Comment la chaîne-soie peut-elle être amenée au vert-clair, tandis que la trame-laine sort marron foncé? Le bleu, le grenat, le bois, le giroflée, le violet-prune, se marient ainsi avec perfection; une pureté, une netteté d'effets inimaginables qui excuseraient l'erreur dans laquelle on était tombé, si la malveillance n'eût été de la partie. Des châles brochés, soie, laine et coton, ont été teints en pièce, avec réserve des filets et des bouquets brochés. C'est là une industrie extrêmement intéressante, d'abord par la profondeur des combinaisons et du calcul, ensuite par l'énorme abaissement de prix qu'elle doit occasionner. En 1834, M. Vidalin n'obtenait que sept ou huit nuances ; il en expose quatorze cette année.

AMBLET, chef d'atelier, faubourg de la Croix-Rousse, à Lyon (Rhône). — Étoffes de soies brochées. — *Chef d'atelier!* voici sous quel titre M. Amblet se présente à l'exposition...... Tant de prétendus fabricans ne font qu'exposer le travail des autres, et si peu d'entre ces messieurs ont l'honorable abnégation du manufacturier de Fresnay, M. Berger-Deleinte, qui n'a pas craint, lui, d'écrire, à sa place, en toutes lettres : « *Telle pièce de toile que j'expose a été confectionnée par un tel, mon ouvrier* »; qu'il était à supposer qu'enfin un chef ouvrier voudrait un jour, lui inventeur, lui fabricant réel, prendre place à ce grand congrès industriel, où tant de marchands se trouvent d'ailleurs admis. Il pourra bien arriver, à ce sujet, qu'un jour nous révélions les particularités les plus piquantes de ces nombreux abus; mais, nous attendons justice du public ; il serait trop inconvenant de douter de ses lumières et de sa stricte équité.

Pour en revenir à M. Amblet, nous croyons que son exemple serait bon à suivre par un assez grand nombre d'ouvriers ou de chefs d'ateliers qui trouveraient ainsi, sous l'égide de l'opinion publique, les moyens de sortir de l'obscurité à laquelle on les condamne. Certains capitalistes deviendraient ainsi plus soucieux de mériter, en leur nom personnel, la réputation de manufacturiers dont ils jouissent ; certains fabricans demeureraient moins routiniers, moins égoïstes, moins prohibitifs, et l'industrie française ne ferait que gagner, en définitive, à ce nouvel ordre de choses.

Mais enfin, nous dira-t-on, quelles obligations l'industrie lyonnaise a-t-elle à M. Amblet? et nous répondrons : on pouvait admirer à l'exposition (sous le n° 2518, qui était celui de la maison Mathevon et Bouvard, de Lyon) une magnifique pièce de velours cramoisi pour robes. Eh bien ! cette pièce sortait des ateliers de M. Amblet; cette pièce a été tissée par un procédé dont il est l'inventeur, qui est appelé à opérer une révolution dans le tissage du velours; car le *battant-brocheur*, qu'a imaginé *cet ouvrier*, réduit d'abord, dans des proportions étonnantes, et les pertes de temps et les frais de matière première ; mais il ajoute de la solidité au travail, permet d'imiter la broderie à la main, de donner aux fleurs ou autres sujets des formes naturelles ; enfin de mettre en œuvre des matières riches, comme l'argent et l'or qu'on n'avaient pu employer avant lui.

Sous le propre numéro de M. Amblet (2529), on pouvait de même admirer plusieurs autres de ses velours brochés, et c'est ce qu'a dû faire indubitablement le jury central même avec la pensée de décerner à ce modeste industriel la récompense honorable que lui méritent et l'importance de son invention et son habileté comme fabricant. Nous allions oublier de dire, en terminant, que c'est encore de l'atelier de M. Amblet que sont sorties les huit magnifiques robes tissées, vendues pour le couronnement de la reine d'Angleterre.

ESPRIT, chef d'atelier, faubourg Saint-Georges, à Lyon (Rhône).—Remisse régulateur à mailles mobiles.—M. ESPRIT est un chef d'atelier (on sait ce que signifie ce mot dans la langue industrielle , et dans le système de travail lyonnais) du quartier Saint-Georges. Il a inventé un nouveau système de *remisse*, ou réunion de plusieurs lisses dont les mailles sont mobiles. Elles étaient fixes, au point que la largeur d'une remisse étant donnée, on était obligé d'en avoir autant que de réduction : c'est ce qui entraînait de très-grands frais. Avec la seule remisse de M. Esprit, toutes les réductions, toutes les largeurs sont praticables. Cela est tout-à-fait neuf, mais si peu éclatant, qu'on ne s'en est guère aperçu à l'exposition ; et pourtant quelle économie dans ce travail, dans la dépense ! Nous ne pouvons préciser la diminution qui en résultera dans le prix du tissage et la valeur des étoffes mais il est évident qu'elle sera notable aussitôt que l'emploi de la nouvelle remisse se ser généralisé.

BUFFART , chef d'atelier, faubourg de la Croix-Rousse à Lyon (Rhône). Nouveau mode d'ourdissage et de pliage.—M. BUFFART ; aussi chef d'atelier et *plieur* ; spécialité de travail fort importante, a imaginé un nouveau mode d'ourdissage et de pliage dont les conséquences ne seront pas moins heureuses pour la fabrique. L'ourdissage est une *cantre* indéfinie, et son pliage consiste à prendre les fils sur l'ourdissoir, pour les faire immédiatement passer sur le rouleau, en les envergeant un à un. La cantre dont on se sert ordinairement pour l'ourdissage ne peut tirer que 40 ou 48 fils à la fois ; celle de M. Buffart en tire 320, en tirerait 1,000, au besoin. L'ourdissage et le pliage sont deux opérations distinctes qui se pratiquent chez des ouvriers différens ; M. Buffart réunit les deux opérations en une seule. De là économie, ce grand mot magique, ce grand problème, à la solution duquel le genre humain travaille perpétuellement dans nos temps modernes. De là régularité plus parfaite dans le tissage , et nous en avons pu juger par le cuir-soie à 12,000 fils pour 18 pouces de largeur, dont nous avons parlé, et qui a été ourdi dans le système de M. Buffart. Cette étoffe , si régulière , est , en effet , de nature à bien faire comprendre tous les avantages du nouveau procédé ; Lyon commence à s'en trouver bien, et ce n'est pas là le seul perfectionnement qui soit dû à l'honorable chef d'atelier.

MAURIER et BERNARD (Antoine), à Lyon (Rhône). — Velours et satins très-beaux sous le rapport de la façon et de la qualité. — GIRARD Neveu , à Lyon (Rhône). — Châles et Gilets en velours du goût le plus exquis. — LAMBERT , FRANCHET et Cⁱᴱ, à Lyon (Rhône).— Etoffes de soie façonnées en tous genres.—GROSBOS, à Lyon (Rhône). —Étoffes pour ornemens d'église et ameublemens.—BERNA SABRAN, à Lyon (Rhône). — Châles et étoffes de soie très-bien confectionnés. — YEMENITZ , à Lyon (Rhône). — Étoffes pour ornemens d'église et ameublemens. — Un brocart d'or à grands bouquets qui doit avoir au moins vingt ans de dessin, ce qui n'ôte rien à sa splendeur. Celle du culte catholique exige les grands et riches effets qui nécessairement sont fort coûteux , or MM. CINIER et FATIN, à Lyon (Rhône), médaille d'argent en 1834 , viennent en aide aux églises peu fortunées, et leur offrent des ornemens superbes qui descendent jusqu'à 20 fr. l'aune; leur écharpe de bénédiction est une pièce fort remarquable, et rien n'égale la gentillesse de leurs gilets et de leurs spolinés pour robes. — CHASTEL et RIVOIRE, à Lyon (Rhône).— Étoffes en soie façonnées. — DAMIRON , à Lyon (Rhône). — Médaille d'argent en 1834. — Écharpes de soie. — CHARLES et Cⁱᴱ, à Lyon (Rhône). — Cravates longues en laine et en soie. — VUCHER , REYNIER et PERRIER , à Lyon (Rhône). — Étoffes de soie et articles de nouveautés.— SAVOYE Frères, à Lyon (Rhône).—Pièces de velours bien confectionné , parfaitement coupé , sans aucune trace du rabot. — BOYER Aîné et Cⁱᴱ, à Lyon (Rhône). — Étoffes de soie chinées. — CLÉMENT (Madame Veuve), à Lyon (Rhône).—Boas en soie.

Ici se termine notre revue des produits principaux de l'industrie lyonnaise, que nous ne devons pas clore sans faire remarquer à nos lecteurs que les *ouvriers* lyonnais étaient dignement représentés à l'exposition des produits de l'industrie nationale, par MM. Buffart,

Esprit et Amblet; nous sommes heureux d'avoir vu enfin les véritables producteurs prendre à ce grand concours la place qui leur appartenait à si juste titre, et nous espérons que
l'exemple donné par les trois estimables ouvriers que nous venons de citer sera, en 1845,
suivi par un beaucoup plus grand nombre.

PUGET (Antoine), à Nîmes (Gard). — Médaille de bronze en 1823, 1827 et 1834. —
Coupes de florences et marcelines. — Florences légers très-bien fabriqués, fichus et châles
façons de foulards imprimés, sur dessins composés avec art. Ces articles, dont le bas prix
étonne, sont pour la plupart fabriqués dans la maison centrale de détention de Nîmes.

'GAIDAN Frères, à Nîmes (Gard). —Mention honorable en 1834. —Foulards très-beaux,
cravates en soie et foulards imprimés, d'une bonne confection et d'une heureuse variété
de dessins.

COMBIEN ROSSEL, à Nîmes (Gard). — Médaille de bronze en 1834. — Étoffes et
écharpes, fichus, gazes et marabouts unis et imprimés, étoffes gazes imprimées, peluche
à chapeaux. — Tous ces tissus à bas prix et confectionnés avec une connaissance parfaite
des procédés de fabrication.

D'HOMBRES (Michel), à Nîmes (Gard). — Médaille d'argent en 1834. — Mouchoirs de
soie et fantaisies très-variées dans leurs dessins, aussi distingués par leur pureté que par la
vivacité de leurs nuances.
     La teinture et l'impression sur étoffes de la fabrique de Nîmes, doivent une partie de
leurs progrès aux efforts de M. D'Hombres; des premiers dans cette ville, il a fait usage de
la vapeur; il livre continuellement au commerce une grande masse de produits remarquables par leur prix modéré.

DAUDET Ainé et Cᴵᴱ, à Nîmes (Gard). — Médaille de bronze en 1834. — Foulards et
fichus divers, foulards imprimés et tissus d'une belle fabrication, foulards garance pour
mouchoirs de poche, objet nouveau dans la fabrique de Nîmes; mouchoirs tissus d'or et
de soie, façonnés, destinés surtout pour Alger, Tunis et Maroc. — Tous ces produits sont
bien fabriqués; ceux de fantaisie, avec de bons dessins, et des couleurs qui réunissent
l'éclat à la solidité. Ces fabricans occupent 150 métiers, et pour l'impression 50 ouvriers.

MASSING. Frères, HUBER et Cᴵᴱ, à Puttelange (Moselle), et à Paris, 7, rue Neuve-

Saint-Médéric. — Mention honorable en 1834, sous la raison sociale Massing frères et Pauly. — On aime à constater les progrès de ces manufactures, qui, dirigées constamment avec habilité ne doivent qu'aux soins assidus et aux capacités éminentes de leurs propriétaires, leurs succès toujours croissant, aussi c'est avec le plus vif plaisir que nous entretiendrons nos lecteurs, de MM. Massing frères, Huber et Cⁱᵉ.

Ces habiles industriels exposaient, en 1834, des velours légers imités de Crevelt, des peluches à chapeaux, fabriquées avec tous les soins possibles; la bonne confection et la modicité des prix des articles de la fabrication de MM. Massing frères, Huber et Cⁱᵉ, faisaient, à cette époque, décerner à leur manufacture, encore toute nouvelle, la mention honorable; cette année le jury central a décerné une médaille d'or à MM. Massing frères, Huber et Cⁱᵉ : certes c'est faire beaucoup de chemin en peu de temps.

Maintenant, il faut le dire, Lyon est dépassé pour l'article des peluches de chapellerie; Lyon n'a rien exposé en ce genre, et Puttelange nous a montré des peluches qui l'emportent en finesse, en éclat, en perfection de coupe, sur tout ce qu'on avait fait jusqu'ici. MM. Massing frères, Huber et Cⁱᵉ ont à Puttelange une fabrique de premier ordre qui occupe maintenant au moins huit cents ouvriers; en 1835 ils en occupaient quarante seulement.

Ces messieurs ont rencontré de grands obstacles; d'abord ce pays est privé d'eau et il faut un grand travail pour s'en procurer, ensuite cette industrie était totalement ignorée, et il a fallu, par de grands sacrifices, former des ouvriers. MM. Massing frères, Huber et Cⁱᵉ ont tout surmonté et maintenant les cultivateurs eux-mêmes travaillent à temps perdu et le salaire s'est élevé, depuis cinq ans, de soixante-quinze centimes à deux francs. La beauté merveilleuse des peluches de Puttelange, leur noir magnifique, les fait rechercher au dehors; l'Allemagne, la Russie, et surtout l'Amérique du Nord, en demandent beaucoup; on commence à faire quelques expéditions dans la Grande-Bretagne, surtout en peluches à courte soie, moins brillantes, mais jouant mieux les feutres, dont les Anglais sont encore trop éperdument épris.

Nous ne saurions adresser trop d'éloges à MM. Massing frères, Huber et Cⁱᵉ; ils ont fait faire à une belle industrie, de sensibles progrès, et ouvert à notre commerce d'exportation, de nouveaux débouchés; à ces divers titres ils ont des droits à la reconnaissance de leurs concitoyens et nous paraissent tout-à-fait dignes de la haute récompense qu'ils ont obtenu.

PERRÉE, à Paris, 7, rue Sainte-Opportune. — Châles, mantelets et gants en filet. — ROUSSEL et Cⁱᵉ, à Paris, 18, rue Saint-Sauveur. — Ouvrages en filet en tous genres. — Ce genre de produit, dont le travail est très-compliqué, est par conséquent d'un prix assez élevé, cependant il est d'un aspect peu gracieux et de peu de durée, aussi commence-t-il à n'être plus de mode. — SCHMALTZ, à Metz (Moselle). — Échantillons de peluche très-belle et très-douce au toucher. — CURNIER (Pierre) et Cⁱᵉ, à Nîmes (Gard). — Médaille d'or en 1823, 1827 et 1834. — Fichus de soie divers. — Nous avons déjà parlé de

MM. Pierre Curnier et Cie lorsque nous avons traité de la fabrication des châles. — BOUS-
QUET DUPONT, à Nîmes (Gard). — Médaille de bronze en 1827 et 1834. —Fichus,
foulards, etc. — BARAGNON (MAXIME) et CIE, à Nîmes (Gard). —Fichus divers, sautoirs
et foulards. — JOURDAN FILS et CIE, à Nîmes (Gard). — Foulards de divers genres. —
DAUDET JEUNE et CHABAUD, à Nîmes (Gard). — Mention honorable en 1834. — Cravates et foulards. —LIENARD PLAYS, à Hem (Nord). — Satin fil et soie très-bien confectionné.

SECTION III.

RUBANS ET PASSEMENTERIE.

La France possède une grande supériorité sur l'étranger pour ces deux genres de fabrications. C'est ce que démontre avec évidence le tableau de nos exportations.

VALEUR DES EXPORTATIONS.

	1837.	1838.
Rubans.	23,236,440 fr.	30,735,520 fr.
Passementerie d'or ou d'argent fin. .	769,454	811,146
— d'or ou d'argent faux.	82,770	123,510
— de soie pure.	2,179,700	2,943,000
— de soie mêlée. . . .	253,685	245,365
TOTAUX. . . .	26,522,049 fr.	34,858,541 fr.

L'exposition de rubans, en 1839, est beaucoup plus riche qu'elle ne l'était en 1834; elle
a aussi mérité de plus nombreuses récompenses.

§ 1. — RUBANS.

DUTROU, à Paris, 345, rue Saint-Denis. — Mention honorable en 1823 et 1827;
médaille de bronze en 1834. — Rubans en tous genres. — Rubans moirés, rubans unis,
façonnés et brochés pour ceintures, parfaitement fabriqués, distingués en même temps
par le goût et la variété des dessins, par les nuances et la beauté des couleurs. M. Dutrou a
beaucoup agrandi sa fabrique et perfectionné ses produits depuis l'exposition de 1834.

VIGNAT-CHEVET, à Saint-Étienne (Loire). — Médaille d'argent en 1834. — Rubans façonnés en tous genres. — M. Vignat-Chevet avait exposé une collection de rubans pour chapeaux et ceintures. On a distingué surtout ses rubans de taffetas imprimés sur chaîne, avant le tissage, ce qui présente de grandes difficultés d'exécution; tous les fils devant conserver pendant le travail les positions relatives indiquées par le dessin. Ces nouveaux rubans, qui n'ont pas d'envers, sont par là supérieurs aux rubans imprimés ; aussi le goût élégant de Paris les recherche-t-il avec le plus vif empressement. On doit encore à M. Vignat-Chevet des rubans-cordons brochés pour ceintures, remarquables par leur force, la variété de leurs couleurs, la beauté des dessins et le fini de l'exécution : ces divers produits nous ont paru tout-à-fait dignes de la réputation que s'est acquise M. Vignat-Chevet.

FAURE FRÈRES, à Saint-Étienne (Loire). — Médaille de bronze en 1834. — Rubans façonnés. — Rubans de gaze , de gros de Naples et de satin broché , fabrication estimable; dessins nouveaux et de bon goût, qui font rechercher les produits de cette fabrique en France et à l'étranger.

ROBICHON et CIE, à Saint-Étienne (Loire). — Médaille de bronze en 1834. — Rubans façonnés. — Rubans de gaze découpés, remarquables par la légèreté et le bon goût des dessins, mais surtout par leur bonne confection, qui justifie les suffrages des consommateurs.

MERCOIRET, à Saint-Étienne (Loire). — Médaille de bronze en 1834. — Une balance. Rubans façonnés. — Rubans-cordons pour ceintures remarquables par leur force, qualité nécessaire à ce genre de produits. M. Mercoiret est breveté pour le procédé dit du pas ouvert, qui s'applique au métier à la Jacquart, et qui semble plus avantageux que tout autre pour fabriquer les rubans-cordons. Ce procédé dépose des talens de M. Mercoiret comme mécanicien. M. Mercoiret avait exposé, outre les articles de sa fabrication ordinaire, une balance d'un nouveau système , qui nous a paru remarquable sous plus d'un rapport.

TEZENAS-CALAY, à Saint-Étienne (Loire). — Rubans demi-beaux. — Mention honorable en 1834. — Rubans de gaze découpés, à dessins variés et bien nuancés, bonne confection.

BALAY FRÈRES , à Saint-Étienne (Loire). — Rubans façonnés. — Rubans de gaze découpés, dont les dessins sont nouveaux et distingués ; ces produits , bien fabriqués, sont très-recherchés dans le commerce.

T. I.   13

CHAIZE, à Saint-Étienne (Loire). — Rubans façonnés. — Rubans de gaze découpés dont les fleurs sont entourées d'un liséré noir qu'on applique avec le pinceau après tissage, ce qui donne plus de relief au dessin. C'est à M. Chaize qu'est due l'importan fabrication des rubans de gaze marabouts, qu'il s'efforce de perfectionner.

DUGAS, à Saint-Chamond (Loire). — Médaille d'or en 1806. — Rubans façonnés. — M. Dugas a obtenu, en 1806, la seule médaille d'or accordée à son industrie; il s'est to jours montré digne de cette haute récompense, et les produits qu'il avait exposés cet année, nous ont paru confectionnés avec tous les soins et toute la perfection désirables.

BOSQUIER, à Thiberville (Eure). — Rubans de fils. — Rubans et bretelles de fils et coton d'une exécution soignée et d'une belle réduction; la fabrique de M. Bosquier l'une des plus importantes du département de l'Eure; il emploie six cents tisserands et p duit annuellement plus de 100,000 douzaines de pièces de rubans.

MICOLON et CHOUCHOU, à Saint-Étienne (Loire). — Citation favorable, en 183 sous la raison Micolon Levans. — Rubans façonnés et lisses pour bretelles. — Rubans divers genres, dessins variés et d'assez bon goût.

JAMET et C, à Saint-Étienne (Loire). — Rubans de satins unis. — MARTIN et C Saint-Étienne (Loire). — Rubans façonnés et rubans-cordons. — MESNAGER Frères Saint-Étienne (Loire). — Rubans divers. — PRUD'HON et C, à Saint-Étienne (Loire). Rubans épinglés. — RENODIER, à Saint-Étienne (Loire). — Rubans ordinaires. — SO CHON, à Saint-Chamond (Loire). — Rubans façonnés. — GRANGIER Frères, à Sai Chamond (Loire). — Rubans façonnés. — DAVID (J.-B.), à Saint-Étienne (Loire). Rubans velours de toutes couleurs.

I.

PASSEMENTERIE.

CHRISTOFLE, GUIBOUT et MARIE SAINT-GERMAIN, à Paris, 121, rue Saint-De — Épaulettes, aiguillettes, et tous les autres objets de passementerie en tissus métalliqu — M. Christofle, qui est aussi à la tête de la plus grande manufacture de bijouterie qu France ait eu jusqu'à ce jour, et dont nous aurons occasion de parler lorsque nous tra rons de la bijouterie, avait exposé, concurremment avec MM. Auguste Guibout et Marie Saint-Germain, passementiers habiles, des *épaulettes métalliques* et plusieurs autres articles de passementerie.

Les épaulettes ordinaires des passementiers, dites or fin, sont fabriquées en fil de soie recouvert de fil d'argent doré. On conçoit aisément que la présence de la soie ne permet ni de les nettoyer, ni d'en rétablir l'éclat ; pour remédier à ce grave inconvénient, qui oblige les officiers de nos armées à faire de grands sacrifices, ces fabricans ont réussi à faire les épaulettes tout en métal. Ce nouveau procédé présente des avantages qu'on peut résumer ainsi qu'il suit :

1° Durée beaucoup plus prolongée des épaulettes, qui peuvent suffire pour un service actif au moins pendant quatre années ;

2° Facilité pour remettre à neuf, et à peu de frais, les épaulettes fatiguées par le service ;

3° Éclat plus vif dans la dorure et soutenu pendant plus long-temps ;

4° Beaucoup plus de grace dans la forme de l'épaulette.

5° Enfin, prix d'achat moins élevé que pour les épaulettes en passementerie ordinaire. Par exemple, des épaulettes à torsades pour colonel et lieutenant-colonel, qui coûtent 140 fr. en passementerie ordinaire, ne coûtent que 100 fr. en plaqué or ou en passementerie métallique. Les premières ont encore, à la fonte, une valeur de 70 fr., et les secondes, une de 25 fr. De façon que si une paire d'épaulettes métalliques dure, en bon état, trois fois autant que celles ordinaires, on dépensera, avec les premières, une somme de 210 fr., et avec les secondes, seulement 75 fr., dans le même temps, sans compter la facilité de pouvoir remettre à neuf, à peu de frais, celles établies en plaqué.

Nous n'insisterons pas davantage sur l'économie considérable que les épaulettes métalliques présenteront aux officiers de nos armées, mais nous croyons devoir ajouter que des épreuves faites par ordre du ministre de la guerre, ont été très-favorables à ce nouveau produit, et que, par une décision du ministre de la guerre, insérée au *Journal Militaire* (N° 46, pag. 319, année 1838) les généraux et les officiers supérieurs sont, à dater du 15 novembre 1838, autorisés à porter les épaulettes métalliques.

Pour résumer en peu de mots l'opinion qu'a fait naître en nous l'examen de ces épaulettes et des divers objets exposés par ces honorables fabricans, nous croyons qu'ils ont rendu un véritable service aux officiers de nos diverses armes.

BANÈS LOUVET et CⁱE, à Paris, 71, rue Saint-Honoré. — Passementerie pour meubles et nouveautés.— Les divers articles exposés par M. Banès Louvet et Cⁱᵉ nous ont paru confectionnés avec tous les soins et toute la perfection désirable. Cette fabrique considérable voit tous les jours augmenter son importance, et ses produits sont très-recherchés en France et à l'étranger.

GUILLEMOT, à Paris, 30, rue du Faubourg Saint-Denis. — Mentions honorables en 1827 et 1834. — Galons pour livrées et voitures d'une confection soignée.

GUILLOU-ZENTLER, à Toulon (Var). — Épaulettes avec corps et contour à point de Milan, à étoiles, les bouillons formant un cable avec trait guipé.

COLOMB (Pierre), à Nîmes (Gard). — Mention honorable en 1834. — Tissus pour bretelles. — Bretelles de diverses qualités à très-bas prix, 20 centimes la paire. Ces bretelles sont fabriquées dans les maisons de détention de Nîmes et de Montpellier où M. Colomb occupe un très-grand nombre d'ouvriers.

GUÉRIN et PAILLER, à Nîmes (Gard). — Échantillons de lacets-cordons. — DIEU-TEGARD, à Paris, 358, rue Saint-Denis. — Rubannerie et passementerie pour meubles. — STOLZ, à Paris, 67, rue Saint-Honoré. — Passementerie. — Ces deux industriels, dont nous aurons occasion de parler ailleurs, avaient exposé des produits remarquables sous le rapport de l'élégance et de la bonne confection.

CHAPITRE QUATRIÈME.

—✻❦❦✻—

TISSUS DE VERRE, DE CRIN

ET DE PAILLE.

Depuis quelques années, l'industrie française s'est beaucoup occupée d'introduire dans les tissus de nouvelles matières premières. Les tissus de crin, simples ou mélangés, nous offrent des progrès de ce genre. Ces étoffes, destinées à faire des meubles, ont le double avantage de la durée et de l'économie. On croyait d'abord qu'elles ne pouvaient recevoir que de petits dessins damassés, de fleurs et de rosaces. Nous sommes devenus supérieurs aux Anglais dans ce genre, qu'ils ont exploité si long-temps.

Nos tissus de paille commencent à prendre rang à côté des plus beaux produits de la fabrique de Toscane.

Parmi le grand nombre des produits qui formaient à l'exposition le contingent de l'industrie parisienne, on a surtout remarqué les étoffes en fils, fabriquées de verre de MM. Dubus-Bonnel et Cie.

SECTION PREMIÈRE.

TISSUS DE VERRE.

DUBUS-BONNEL et Cᵉ, à Paris, 97, rue de Charonne. — Tissus de verre pur ou mélangé avec la soie, le lin, etc. — L'alliance de ces mots : *tissus de verre,* dût d'abord étonner tous les esprits ; on se demanda comment le verre était devenu assez flexible, assez malléable pour qu'il put être filé ; et, lorsque ces tissus furent offerts à l'appréciation du public, on les prit pour des brocarts d'or et d'argent. On parut douter d'abord que le verre se prêtât au caprice de ces mille dessins, que le verre seul reçut des couleurs si riches, si éclatantes, et qu'il produisit les reflets brillans qu'on admirait. Il fallut pourtant se rendre à l'évidence : le verre venait de conquérir son droit de bourgeoisie dans la fabrication des étoffes.

Cette découverte fut faite à Lille par M. Dubus-Bonnel, propriétaire du plus grand établissement de teinture du département du Nord. Il s'était livré, avec quelques succès, aux travaux chimiques, et particulièrement à la coloration, lorsque ses expériences l'amenèrent à produire un verre assez souple, assez ductile, et cependant assez résistant pour que, sans se casser, il supportât l'opération du tissage, et s'alliât avec les étoffes de soie et de velours. M. Dubus-Bonnel prit un brevet d'invention, et, pour première récompense de ses efforts, il reçut du roi une médaille d'or.

Les tissus de verre admis à l'exposition ont fixé à un haut degré l'attention publique, et l'on a compris l'importance et l'avenir d'une industrie qui offre pour la décoration des palais, pour l'ameublement de nos salons et pour les ornemens d'église, les ressources les plus variées. Si les renseignemens que nous avons cherchés à recueillir au sujet des tissus de verre sont aussi exacts que nous le pensons, nous croyons pouvoir résumer en quelques mots les avantages que présentent aux consommateurs les produits de cette invention nouvelle. Les tissus de verre joignent à l'éclat des couleurs une fixité à l'épreuve du temps ; ils réunissent au luxe des tentures les plus somptueuses le bon marché des étoffes de soie, et ils résistent sans s'altérer à l'action du gaz et de l'humidité qui oxydent et noircissent en peu de temps les brocarts d'or et d'argent. Un rapport fait en 1838 à l'Académie de l'Industrie, par son secrétaire perpétuel, avait porté sur les intelligens travaux de M. Dubus-Bonnel le jugement le plus favorable ; l'opinion publique l'a pleinement confirmé, et les commandes qui ont été faites à sa fabrique de la part de plusieurs maisons princières (1) et de la liste civile, prouvent qu'en France et à l'étranger les découvertes de M. Dubus-Bonnel et les voies de perfectionnement dans lesquelles il est entré ont été dignement appréciées. Nous croyons devoir donner à nos lecteurs quelques extraits du rapport fait à l'Académie de l'Industrie, qui contribueront à faire mieux connaître cette nouvelle industrie qui nous paraît riche d'avenir.

» Aidé de ses trois enfans, M. Dubus-Bonnel prépare seul ses matières premières, ses dessins, ses métiers, dont plus de trente battent déjà dans ses ateliers, rue de Charonne, 97.

» Les fils employés comme matière première par M. Dubus sont, à part ceux de soie, de coton ou de divers autres filamens, des fils de verre très-fins, étirés par des moyens analogues à ceux jadis indiqués par Réaumur ; seulement ses moyens sont tellement perfectionnés, qu'il obtient des fils pour ainsi dire malléables ou du moins d'une flexibilité presque sans bornes.

» M. Dubus obtient des fils de verre d'une flexibilité tellement grande, qu'ils se plient jusqu'au nœud parfait, et peuvent, sans se casser et sans être réduits en poussière, supporter les coups du battant. Cette flexibilité, il l'obtient, par une application spéciale de la vapeur.

» C'est par un mélange de ses fils de verre blancs ou colorés avec des fils de soie ou de toute autre matière, que M. Dubus-Bonnel obtient des étoffes façonnées qui étonnent l'œil par la richesse de leurs dessins, par la beauté de leurs couleurs, et surtout par l'éclat jusqu'alors inconnu de leurs reflets.

» Ces étoffes, fabriquées, au moyen de métiers propres aux tissus façonnés, représentent des damas en soie avec semis de fleurs en fils de verre imitant l'or et l'argent, dans lesquels les fils métalliques sont remplacés par des fils de verre qui jouent l'or et l'argent de manière à s'y méprendre ; elles possèdent de plus l'avantage de ne pouvoir être ternies par les gaz méphytiques.

» Déjà, on réclame des tentures en tissu de verre pour orner les palais des souverains de la Russie et de l'Angleterre. L'Orient, toujours si stable dans son luxe asiatique, ne tardera probablement pas à suivre ces exemples, car l'infériorité de leurs prix leur permet de pouvoir soutenir avantageusement la concurrence avec les damas ou les brocarts les plus riches.

» Les tissus de verre sont des tissus à jeter un nouveau lustre sur nos soieries et nos étoffes façonnées, déjà si justement appréciées dans tous les pays où le luxe de la civilisation a pu pénétrer. »

Les matières premières de cette curieuse fabrication sont des tubes pleins, épais comme le petit doigt et longs de 2 à 3 pieds, en verre ou en cristal, suivant le brillant qu'on veut donner aux étoffes. Ces tubes, qu'on tire de toutes les fabriques de verre, sont fondus par la flamme d'une lampe d'émailleur, étirés et enroulés sur un tour convenablement dis-

---

(1) Nous avons remarqué que le roi, à chacune de ses visites à l'exposition, s'est long-temps arrêté devant les produits de M. Dubus-Bonnel. Dans une de ses visites (lundi 3 juin), S. M. a fait à M. Dubus-Bonnel une commande très-importante de tissus de verre destinés à un prince souverain.

posé, et sur lesquels s'accumulent les fils pour former les écheveaux, qui subissent ensuite la dernière opération et deviennent aussi flexibles que possible. En coupant les écheveaux, on obtient des fils tout disposés pour le tissage. Ce tissage s'effectue avec un métier à la Jacquart. La chaîne est en soie et la trame en verre. Les tissus sont ensuite doublés en coton, lorsqu'on veut qu'ils aient une grande résistance.

SECTION II.

TISSUS DE CRIN.

BARDEL et NOIRET jeune, à Paris, 51, rue Vieille du Temple. — Médaille de bronze en 1823, rappel en 1827, médaille d'argent en 1834, étoffes de crin, laine, soie végétale. — Tissus en crin, tissus en crin et soie, de différentes couleurs, avec dessins variés et d'une belle exécution.

Avec l'*abaca*, plante de l'Inde, MM. Bardel et Noiret jeune, fabriquent 1° des étoffes façonnées, variées de couleurs et destinées aux chapeaux des dames ; 2° des étoffes pour meubles, façonnées et imprimées, d'un bon goût et d'un bel effet.

Tous ces produits ont le double mérite de la durée et du bon marché.

GENEVOIS, à Paris, 5, rue Grenier Saint-Lazare, ci-devant 26, rue du Ponceau. — Étoffes crin damassé, dessins perses en crin, étoffes en crin pour la garniture des meubles de salon, cabas pour dames et galons. — M. Genevois, membre de l'Académie de l'Industrie de 1836, 1837, 1838 et 1839, et qui a obtenu la médaille de bronze à l'exposition des produits de l'industrie nationale de cette année, est depuis déjà long-temps honorablement connu pour la fabrication des étoffes de crin pour la garniture des meubles de salons et tenture d'appartemens, galons, crinoline et crins frisés pour sommiers, etc.

Les magasins de M. Genevois sont toujours assortis en étoffes nouvelles de crin damassé, de toutes largeurs et de toutes couleurs, et ornées de dessins nouveaux et variés ; ces étoffes, qui imitent parfaitement le brillant de la soie, se font remarquer par le bon teint de leurs nuances et leur longue durée.

Après de nombreuses recherches, M. Genevois a obtenu un résultat des plus satisfaisans, par l'invention d'étoffes dont il a le meuble complet, brochées et frisées, pour canapés, fauteuils, chaises, dossiers de canapés, plate-bandes, banquettes et tabourets pour les cafés. Ces étoffes imitent la soie ; les dessins forment des branches détachées et des fleurs dans les rosaces, ce qui n'avait pas encore été fait. M. Genevois a le même assortiment en rosaces de trois couleurs ; il fait aussi les étoffes de crin pour les casquettes de chasse, de la crinoline pour les cols militaires, et des sacs en crin pour la conservation du raisin.

JOLIET, à Paris, 349, rue Saint-Denis. — Mentions honorables en 1819 et 1823, médaille de bronze en 1827, rappel en 1834. — Étoffes de crin. — M. Joliet avait exposé un assortiment varié de tissus en crin pour meubles, bien fabriqués, sur des dessins d'un très-bon goût.

OUDINOT, à Paris, 27, place de la Bourse. — Tissus crinoline et tissus de santé. — M. Oudinot s'est, depuis long-temps déjà, fait connaître par la fabrication des étoffes de crin, qu'il applique à la confection de plusieurs objets propres à l'habillement, tels que casquettes, cols civils et militaires, etc., etc. Parmi les divers objets fabriqués habituellement par M. Oudinot, les cols surtout jouissent depuis long-temps d'une grande réputation ; ils sont adoptés, suivant leur genre, par les diverses classes de la société ; leur élégance, leur solidité, ne laissent rien à désirer.

MUGNIER, à Gray (Haute-Saône). — Mention honorable en 1834. — Tissus de crin noir, blanc et rouge, avec dessins damassés et satinés, en crin ou soie végétale. — Tissus de crin pour meubles, à grands et petits dessins, variés de couleurs, bien fabriqués et d'un effet agréable.

SECTION III.

TISSUS DE PAILLE.

BENINI (Roch), à Paris, 18 et 22, galerie Colbert. — Chapeaux et tissus de paille. — M. Benini, de Florence, avait exposé des chapeaux de paille à la façon d'Italie ; la perfection de ses produits a excité l'admiration de LL. MM. le roi et la reine, ainsi que celle du

public, et vraiment c'était justice, car jamais, jusqu'à ce jour, des produits de ce genre aussi parfaits n'avaient été soumis à l'appréciation générale.

Nos tissus de paille commencent enfin à prendre rang à côté des plus beaux produits de la fabrique de Toscane , et c'est en grande partie aux efforts constans de M. Roch Benini que nous devons attribuer les progrès de cette intéressante industrie. Nous sommes heureux d'avoir à rendre cette justice à cet habile industriel.

LEGRAS, à Gouville (Manche). — Chapeaux de paille fine, façon d'Italie. — M. Legras avait exposé un chapeau de paille fine imitant la paille d'Italie, et pour la nuance et pour la rare finesse du tissu, dont il a perfectionné l'apprêt et le blanchîment. Ces chapeaux sont confectionnés avec de la très-belle paille de seigle.

POINSOT, à Paris, 57, rue Sainte-Avoie. — Chapeaux de paille et cabas. — Articles confectionnés avec tous les soins et toute la perfection désirables, et qui peuvent être livrés à des prix excessivement modérés.

SIBER, à Paris, 32, rue du Mail. —Chapeaux de paille. — M. Siber avait exposé deux classes de chapeaux de paille, imitant la paille d'Italie, remarquables par leur bonne confection et la modicité de leurs prix.

CHAPITRE CINQUIÈME.

FILS ET TISSUS DE CHANVRE ET DE LIN.

Dans la période écoulée de 1834 à 1839, l'industrie ; qui met en valeur le chanvre et le lin, n'offre que de faibles progrès. Elle ne peut espérer de perfectionnemens que par une application plus habile et plus heureuse de la mécanique au filage, pour obtenir, avec une économie plus grande, des fils d'une égalité parfaite et d'une force considérable, proportionnellement à la grosseur de ces fils. Napoléon, pénétré de l'importance que présentait la solution d'un tel problème, en avait fait l'objet d'un prix digne de lui : un million devait être la récompense d'une machine qui pût produire des fils de lin tels que les réclament les plus beaux tissus. Le prix n'existe plus, et le problème, en France du moins, n'est pas encore résolu.

Les Anglais ont peut-être actuellement trouvé cette solution. Ils comptent aujourd'hui trois grandes filatures mécaniques, dont une, celle de M. Marshalt, est citée comme admirable par ses résultats, non-seulement dans l'emploi du lin, mais en donnant une valeur nouvelle à l'étoupe que cet établissement file à un degré de finesse inconnu, dit-on, jusqu'à ce jour. Déjà nos fabriques du Nord et de l'Ouest font un usage considérable de ces fils, qu'on s'est procuré pour suppléer à l'insuffisance de la dernière récolte en France. La fabrique de Laval s'en est servie pour tisser des coutils, soit écrus, soit blancs, aussi parfaits que ceux qui nous viennent de l'Angleterre.

Depuis très-peu de temps, des filatures mécaniques nouvelles se sont élevées dans notre pays ; quelques-unes ont déjà présenté des produits à peu près parfaits. Le département du Nord voit en ce moment créer un grand établissement en ce genre, où l'on veut réunir les machines les plus perfectionnées que possède l'Angleterre. Nous appelons de tous nos vœux le succès d'une telle entreprise.

Le tissage de la toile ordinaire, disséminé dans toute la France, se borne en général à satisfaire aux besoins des localités. Quelques tentatives heureuses ont été faites par la fabrique de Lisieux, pour s'ouvrir des débouchés dans le Midi. Le Finistère et les Côtes-du-Nord ont trouvé pour leurs toiles un plus grand nombre de consommateurs dans l'intérieur, et particulièrement à Paris.

Les toiles de Beauvais, demi-Hollande, si belles, si brillantes et si fines, ont soutenu leur supériorité, mais sans obtenir une consommation plus étendue.

Les batistes françaises, qui ne connaissent au dehors nulle concurrence, continuent d'être pour nous un objet d'exportation de 14, 15 et 16 millions par an. L'art de l'impression est venu donner l'attrait de la mode à ces magnifiques tissus, ce qui contribue à maintenir les ventes à l'étranger ; celles de l'intérieur sont à peu près restées stationnaires. Il faut en dire autant de la fabrication du linge de table, malgré les droits établis pour la protéger contre la concurrence étrangère. Il est juste d'ajouter que l'usage du linge de corps et de table en coton, par son bas prix, nuit considérablement aux tissus de chanvre et de lin, destinés au même usage.

Afin de montrer quels ont été les variations du commerce des toiles de toutes sortes, nous nous contenterons du rapprochement qui suit :

ANNÉES.	IMPORTATIONS.	EXPORTATIONS.
1834	37,885,751 fr.	30,033,624 fr.
1835	38,992,904	23,801,175
1836	29,587,722	25,266,706
1837	17,760,102	29,747,917
1838	15,584,796	26,982,354

Ces résultats nous font voir, qu'il y a dix ans, les produits français étaient de 15 millions inférieurs à la consommation nationale, et qu'ils sont aujourd'hui de 9 millions 1/2 supérieurs à cette consommation.

SECTION PREMIÈRE.

FILAGE DU CHANVRE ET DU LIN.

RAOUL, à Quingamp (Côtes-du-Nord). — Pelotes et écheveaux de fils retors. — Fils retors pour la *filterie*, en écheveaux et en petites pelotes. M. Raoul a contribué au développement de cette industrie par l'invention d'une mécanique, dont l'usage est devenu général.

YON (Adolphe), à Lille (Nord). — Fil de Chine (qualité supérieure, 9 fils) seul dépôt; à Paris, 20, rue Mauconseil, chez M. Jules Théry. — Cet article justifie complètement la faveur dont il jouit, et quoique sa création ait à peine une année d'existence, déjà son débit a pris un développement considérable. Ainsi, en proclamant la supériorité du fil de Chine, c'est nous rendre l'écho de ses nombreux consommateurs, et le signaler avec recommandations à l'attention de ceux qui n'en ont point encore fait usage.

M. Yon s'est appliqué à donner à ses produits la force, la régularité et le bas prix des fils anglais; ces améliorations, jointes à la charmante originalité du paquetage, expliquent le succès obtenu par ce filateur distingué.

La vignette a reçu toutes les formalités légales, concernant le dépôt des marques. Cette mesure prudente assure à M. Yon la propriété même de la dénomination *fil de Chine*, et le préservera ainsi de l'action des contrefacteurs.

BÉGUE, à Paris, 32, rue Paradis-Poissonnière. — Fil de lin et étoupes. — POITEVIN F. E.), Fils et Cᴵᴱ, à Tonneins (Lot-et-Garonne). — Fils pour toiles à voile. — SOUVION, à Saillans (Drôme). — Écheveaux de chanvre et écheveaux de fils. — LAHERARD, à Rollepot (Pas-de-Calais). — Fils écrus, lins et étoupes. — FIEVET, à Boué (Aisne). — Fils à dentelle. — BRIDON, à Nantes (Loire-Inférieure). — Fils, cœur lin, blanc, lessivé et à la mécanique, étoupes. — BLAISE (Armand), à Guingamp (Côtes-du-Nord). — Citation favorable en 1834. — Pelotes et écheveaux de fils retors. — LUDGER-GUÉLÉOT, à Guingamp (Côtes-du-Nord). — Pelotes et écheveaux de fils retors. — DUPONT (Louis), à Landas (Nord). — Fil de lin filé au rouet et employé pour les tissus de batiste et les dentelles.

— LEBLAN et CIE, à Premesques (Nord). — Fils et tissus de lin. — FERAY et CIE, à Paris, 3, rue du Sentier. — Lin filé, étoupes filées, service de table damassé en fil. — On a remarqué à divers titres les produits exposés par les honorables industriels que nous avons cité dans ce dernier paragraphe.

<h2 style="text-align:center">SECTION II.</h2>

<h1 style="text-align:center">BATISTE.</h1>

L'HABITANT GUYNET et CIE, à Paris, 25, rue Cléry. — Batistes blanches et imprimées, coutils, guingamps, etc. — M. L'habitant Guynet avait exposé une collection variée et d'excellent goût de batistes imprimées, à vignettes pour mouchoirs, à fleurs et dessins pour robes, une batiste blanche ayant plus de 6,000 fils de chaîne, tissu d'une beauté, d'une régularité remarquables. Avant les opérations de cette maison, l'impression sur batiste était très-limitée, elle lui a donné, pour ainsi dire, une existence nouvelle et beaucoup d'extension par la richesse des dessins et leur mise en œuvre. Cette industrie est sans rivale à l'étranger.

JOLLY et GODARD, à Cambrai et Valenciennes (Nord), et à Paris, 11, rue Cléry. — Mention honorable en 1834. — Batistes. — MM. Jolly et Godard avaient exposé des batistes écrues et blanches ou imprimées pour mouchoirs et pour robes. Ils nous paraissent vouloir suivre les traces de M. L'habitant Guynet.

SECTION III.

TOILES FINES ET DE MÉNAGE.

CARON-LANGLOIS Fils, à Beauvais (Oise).—Médaille d'argent en 1823, 1827 et 1834. —Foulards de fils imprimés sur envers, étoffes imprimées pour robes et pour meubles, châles imprimés, tapis de pied haute laine, tapis de table imprimés sur draps et sur peluche de soie.

M. Caron-Langlois est le seul qui ait exposé des toiles demi-Hollande, fabrique de Beauvais; cette fabrique lui doit la substitution du peigne de cuivre au peigne de canne, innovation qui, tout en économisant la main-d'œuvre, donne à la toile plus de force et de régularité. On a remarqué, parmi les produits de M. Caron-Langlois fils, une pièce de la plus grande beauté.

M. Caron-Langlois avait aussi exposé des mouchoirs de fils imprimés en bleu, à double face, à l'imitation des foulards. M. Caron-Langlois est aussi un fabricant de tapis très-distingué, et c'est pour l'ensemble de ses produits que le jury central de l'exposition de 1834, accorda à ce fabricant la confirmation de la médaille d'argent qu'il avait obtenue pour la première fois en 1827.

GOUPIL (Constant), à Fresnay (Sarthe). — Médaille de bronze en 1834.— Toiles. — Toiles de bonne qualité courante, bien faite pour leur prix : M. Goupil possède une des fabriques les plus importantes de son département,

DE A. DE BEINE jeune, à Paris, 2, rue Mercier.—Mention honorable en 1834. — Sacs et tuyaux sans coutures, toiles et treillis. — M. de A. de Beine avait exposé des toiles treillis de sa fabrique ; baches et emballages divers, des sacs avec et sans coutures pour farine, grains, son, plâtre, etc. ; tuyaux à arrosemens; seaux à incendie, etc.

PERROCHEL (Comte Maximilien de), à Saint-Aubin de Locquenay, près Fresnay (Sarthe). — Mention honorable en 1834. — Toiles.—M. le comte de Perrochel avait exposé une pièce de toile blanche extra-fine qui nous a paru laisser beaucoup à désirer pour la régularité du tissage; une pièce écrue, chanvre de 4,000 fils de chaîne pour 2/3 de large, un échantillon de fil de chanvre de 181,440 mètres au kilogramme. Il a fallu vaincre de grandes difficultés pour obtenir ce degré de finesse avec une matière première aussi difficile à travailler; la pièce de 4,000 fils est un chef-d'œuvre dans son genre. M. le comte de Perrochel avait exposé en 1834 une pièce à peu près semblable, et le jury central, à cette époque, récompensa, par une médaille de bronze, l'habile ouvrier qui l'avait tissée.

BERGER-DELEINTE, à Fresnay (Sarthe). —Mention honorable en 1834. —On avait parlé avant l'exposition de donner au moins à l'ouvrier une juste et honorifique récompense de son travail: le jury central, assurait-on, avait mission de rechercher les noms des plus habiles ouvriers à qui l'on devait la confection des plus beaux produits exposés; l'ouvrier aussi devait participer aux honneurs du maître pour ce qui lui revenait de son travail. Il était peut-être question de lui accorder une prime. Nous ne savons à qui doit être attribué l'honneur d'avoir conçu ce projet, qui du reste est resté sans résultats; mais toujours est-il qu'une honorable initiative a été prise à cet égard par un exposant de tissus, M. Berger-Deleinte, manufacturier de Fresnay.

Voici ce qu'on lisait sur les pièces de toile exposées par cet honorable fabricant :

« Cette pièce a été confectionnée par Laurent Mellet, mon ouvrier depuis vingt-un ans. »

« Cette pièce de toile a été confectionnée par Gérard, mon ouvrier depuis trente-deux ans. »

Chaque article de ce bien estimable exposant portait une inscription semblable.

Philantropes, qui vous préoccupez si vivement des intérêts des ouvriers à propos de questions qui ne les touchent guère; hommes sociaux et humanitaires, venez à l'école de M. Berger-Deleinte. Quelle leçon dans ce peu de mots! Comme ici l'individualisme s'efface! que l'honorable industriel de la Sarthe obtienne la médaille d'argent, la médaille d'or ou la décoration de la légion d'honneur? Quoique ce soit, l'ouvrier en aura sa part, puisqu'il a eu la peine du labeur et le mérite de l'œuvre!

N'y a-t-il pas quelque chose de touchant dans cette association de trente-deux ans et de vingt-un ans du maître et de l'artisan, du capitaliste et du travailleur? On devine tout d'un coup quels liens unissent ces hommes, quels rapports de bienveillance existent entre eux. Il y a là une belle harmonie. M. Berger-Deleinte a pensé que l'ouvrier était autre chose qu'une machine destinée à l'enrichir et à lui faire une réputation d'habileté. Si une enquête était permise en pareille matière, on découvrirait, nous en sommes assurés, que cet exposant et ses vieux ouvriers sont des hommes aussi avancés dans l'ordre moral qu'expérimentés et habiles dans leur branche d'industrie : Il y a là un bon exemple à suivre.

SAINT-MARC (Mme Veuve), MM. PORLIEU et TÉTIOT aîné, à Rennes (Ille-et-Vilaine). — Médaille de bronze en 1823, rappel en 1827, médaille d'argent en 1834. — Cette grande manufacture occupe 14 à 1500 ouvriers ; elle a 170 métiers battans et 7 métiers mécaniques, elle n'emploie que des chanvres français, tirés principalement de Bretagne et d'Anjou. Ses toiles à voiles nous ont paru réunir au plus haut degré le mérite recherché dans ce genre de tissus, et ses toiles de ménage sont d'une excellente qualité et d'un prix très-modéré.

GRATIEN, à Fougères (Ille-et-Vilaine). — Toiles fines de chanvre, toiles en lin (mécanique). — Toiles écrues 4/4 à 2 fr. 25 c. 2 fr. 60 c. et 3 fr. l'aune.

Les toiles fabriquées par M. Gratien méritent leur renommée ; pour en perfectionner le tissage, M. Gratien fait servir un moteur hydraulique de M. Debergue, à mouvoir 34 métiers à tisser, 3 machines à parer, 3 cannetières, un ourdissoir et un bobinoir de 30 broches : le système de préparation doit à ce manufacturier plusieurs perfectionnemens.

GALAIS, à Fougères (Ille-et-Vilaine). — Citation favorable en 1823, rappel en 1827. — Toiles de chanvre. — Coupes de serviettes écrues aux prix de 22 f. 50 c. et 24 f. 50 c. très-bien fabriquées et d'une qualité supérieure aux toiles ordinaires de Bretagne.

VÉTILLARD, au Mans (Sarthe). — Toiles et fils retors. — M. Vétillard avait exposé deux pièces de toiles de chanvre en 4/4 et 7/8 d'une qualité parfaite et très-durable, et d'un prix fort modéré ; l'une de ces pièces est tissée en fils blanchis. M. Vétillard, qui a le premier introduit dans la Sarthe ce genre de fabrication, possède une fabrique considérable et fort estimée.

GERLIN (FRANÇOIS), à Fresnay (Sarthe). — Toiles. — M. F. Gerlin avait exposé un chef-d'œuvre de bon marché ; c'est une toile 4/4 en fils de chanvre à 30 centimes l'aune. Cette toile est propre à recevoir le papier collé pour tenture.

LIVACHE (JOSEPH), à Fresnay (Sarthe). — Toiles. — Une pièce de serviettes blanches 2/9. — Tous ces produits sont bons et bien faits ; ils attestent les efforts des fabriques de la Bretagne pour accroître leur bonne réputation. Ces toiles sont confectionnées par des tisserands qui travaillent pour leur compte et vendues aux marchands qui les font blanchir et les versent ensuite dans la consommation.

BILLON (JACQUES), à Fresnay (Sarthe). — Toiles. — M. Billon avait exposé une pièce de toile à 3/4 de large, au prix de 25 fr., fine et bien faite, mais chère et d'un emploi restreint.

T. I. 15

AYRAUD, à Les Epesses (Vendée). — Mouchoirs de poche en fil. — LEGUENNEC (Jacques-Alexis), à Graces (Côtes-du-Nord). — Toiles à tamis dites mi-fils. — DUPONT (Sophie) et Cᴵᴱ, à Valence (Drôme). —Médaille d'argent en 1834. —Mouchoirs en fil, façon foulard, teints en diverses couleurs. — PAIRÉ (Mˡˡᵉˢ Anne et Antoinette), à Perpignan (Pyrénées-Orientales). — Robes de femme sans coutures en tricot de fil à l'aiguille, avec dentelles catalanes et un bonnet de même fabrication. — KOECHLIN, à Auxi-le-Château (Pas-de-Calais). — Toiles de lin, cretonnes fabriquées à la mécanique. — M. Kœchlin avait aussi exposé des tissus de laine et coton, et des tissus de laine pure, dits mérinos renforcés. —ZIEGLER, à Mulhausen (Haut-Rhin). —Mousselines Jacquart, diverses percales, gazes, calicots écrus, légers, toiles de ménage et pour la troupe. — MARY, à Saint-Rimault (Oise). —Toiles demi-Hollande, provenant de lin filé à la main dans le pays, d'un aspect satisfaisant et d'une bonne qualité. — SOUCHU (Toussaint), à Bouloire (Sarthe). — Toiles de cordier. — DELLOYE, JOURDAN aîné et LELIÈVRE, à Cambrai (Nord). —Toiles de lin et toiles de coton. — ROUSSEAU-BRILLANT (Pierre), à Fresnay (Sarthe). — Mention honorable en 1827, rappel en 1834. — Toiles de lin blanches d'une largeur de 3 aunes. — LOMBRÉ et Fils aîné, de Nay, à Mirepoix (Basses-Pyrénées). — Une coupe de calicot d'un mètre de largeur, toile unie en fil de lin.

SECTION IV.

LINGE DE TABLE.

AULOY-MILLERAND, à Marcigny (Saône-et-Loire). — Citation favorable en 1827, médaille de bronze en 1834. — Linge de table, nappes Dalhia et autres, serviettes à thé et autres, mouchoirs damassés, etc., etc. — Serviettes et nappes en fil, damassées, écrues et blanches, toiles écrues et blanches; parmi les divers articles exposés par M. Auloy-Millerand, nous avons remarqué les nappes Dalhia et les serviettes à thé, fantaisies du meilleur goût; ces produits, appréciés du commerce, trouvent, à Paris même, un placement avantageux.

BEGUÉ (Félix), à Pau (Basses-Pyrénées). — Mention honorable en 1834. — Linge de table ouvré et damassé. — Le linge de table fabriqué par M. Félix Begué se fait remarquer par la régularité et le bon goût du dessin, par la finesse et la souplesse du tissu. Les produits de M. Félix Begué sont fort estimés dans le Midi.

COLLOT Fils, à Saint-Rambert (Ain). — Mention honorable en 1834. — Linge de table damassé, assez bien fabriqué, un peu léger et d'un prix modéré. — HELLER (Christian), à Annonay (Ardèche). — Serviettes ouvragées. — SAUVEAU, à Bergerac (Dordogne). — Linge de table avec lisières dans tous les sens. — DAVIN-DEFRESNE, à Saint-Quentin (Aisne). — Linge de table. — PELLETIER, à Saint-Quentin (Aisne). — Linge de table damassé. — FRIES et CALLIAS, à Guebwiller (Haut-Rhin). — Napperons damassés en fil de lin, mousselines-laines, indiennes mi-fond et divers calicots. — SCHLUMBERGER SCHWARTZ (G.), à Mulhausen (Haut-Rhin). — Serviettes damassées, nappes, napperons, etc., etc. — GERVAISE, à Coutances (Manche). — Un doublier tissu en fil damassé de 4 mètres 76 centimètres de longueur sur 2 mètres 37 centimètres de largeur. — LEFÈBRE HORRENT, à Roubaix (Nord). — Linge de table damassé et tissus fil de lin. — MAZILLE PERRIER, à Marcigny (Saône-et-Loire). — Nappes et serviettes damassées. — NOULIBOS, à Pau (Basses-Pyrénées). — Linge de table, mouchoirs. — TESTARD et MÉTAYER, à Clairvaux (Aube). — Calicots écrus, coutils, fougère russe, cretonne pour doublures, serviettes écrues, œil de perdrix.

SECTION V.

TOILES A VOILES, CHANVRE IMPERMÉABLE.

DESBOUILLONS Fils et JUON, à Rennes (Ille-et-Vilaine). — Médaille de bronze en 1834. — Toiles à voiles à fils simples, demi-blancs, à fils doubles, ancienne toile grise en lin à fils doubles. — MM. Desbouillons fils et Juon fabriquent les toiles à voiles pour la marine royale et pour la marine marchande. Ils ont deux ateliers qui contiennent soixante-seize métiers à tisser, et confectionnent, avec deux cents ouvriers, 110 à 130 mille mètres de toile annuellement. MM. Desbouillons fils et Juon réunissent toutes les opérations : filage, dévidage, tissage et blanchîment.

MORIN DU LÉRAIN Fils et C¹ᴮ, à Rennes (Ille-et-Vilaine). — Mention honorable en 1819, rappel en 1823. — Toiles basses-voiles, toiles mélis double, fort, fin, toiles bonnettes, toiles doublage. — Dans leurs ateliers, MM. Morin du Lérain fils et C¹ᵉ fabriquent 1° des toiles à voiles régulières, fortes, serrées, en un mot, excellentes; elles ont satisfait au plus haut point à toutes les expériences ordonnées à Brest par la marine royale, qui les adopte pour types; 2° des serviettes écrues de 20 à 21 fr. la douzaine. Ils ont fait aussi des essais de toile blanche 4/4 à 2 fr. 70 c. le mètre, fabrication nouvelle pour la Bretagne.

CHÉROT et Cᴵᴱ, à Nantes (Loire-Inférieure). — Toiles à voiles à fils câblés. — Les échantillons de toiles à voiles exposés par MM. Chérot et Cⁱᵉ, nous ont paru remarquables sous plus d'un rapport; ces toiles sont fortes, serrées, en un mot, satisfaisantes. MM. Chérot et Cⁱᵉ emploient de trois à cinq cents ouvriers, qui tissent annuellement 80 à 100 mille mètres de toiles. La fabrique de MM. Chérot et Cⁱᵉ prend tous les jours une extension nouvelle.

MARSUZI DI AGUIRRE, 3, rue d'Antin; ateliers, 142, rue Saint-Maur-Popincourt; magasins, 67, rue Richelieu. —Chanvres imperméables. —Voici, sans contredit, l'une des inventions les plus curieuses, les plus fécondes en résultats, dont le jury central de l'exposition de 1839 ait eu à s'occuper. — Avec du chanvre faire des seaux à incendie, des schakos de soldats, des tuyaux, des conduits d'eau, des malles, des étuis à chapeaux, des vases à fleurs, des cuvettes, des pots à eau, des plateaux, des bouteilles, des timbales, des plats à barbes bien d'autres choses encore, notamment des couvertures de maisons; cela semble incroyable, et cependant rien de plus réel, de plus positif. Ce *chanvre imperméable* va, dans la majeure partie de leurs emplois, lutter victorieusement à la fois contre le cuir, la faïence, le zinc, la tôle, le bois, la tuile et l'ardoise. Il aura, pour lui, tous les avantages sur ses rivaux : solidité, brillant, force, souplesse, légèreté, enfin économie de 25, 30 et 50 p. °/₀, même sur les prix de revient.

Il le faut bien avouer : nous étions, tout des premiers, incrédules sur la réalité de semblables merveilles; il nous a fallu voir et nous avons vu, et quiconque doutera encore après nous, peut, pour triompher de son incrédulité, visiter les *ateliers* de la rue Saint-Maur, les *magasins* de la rue Richelieu; il sera, comme nous, émerveillé, et il se dira qu'une pareille industrie, si nouvelle, si étrange, est destinée à faire, dans le commerce de la France, une révolution d'autant plus désirable et d'autant plus nationale que les élémens dont elle se compose, sont des produits français et que ceux qu'elle remplace, tels que le cuir et le zinc, sont en grande partie fournis par l'étranger.

Nous avons hâte de justifier, par quelques définitions très-précises, ce qu'il peut y avoir de vague dans ce point de vue général. Nous dirons d'abord que le *chanvre imperméable* est une espèce de feutre composé de filamens végétaux, liés par des corps *gras, résineux* et *bitumineux*. Ceci posé, comme point de départ, va servir à expliquer toutes les propriétés multiples de cette matière, que nous allons décrire.

Ce chanvre acquiert tous les degrés de flexibilité ou de résistance qu'on lui veut imprimer : ainsi il aura, selon l'urgence, ou la souplesse du cuir, ou la dureté du bois. En outre, on le rend insensible à toutes les influences atmosphériques, au moyen d'évaporations successives, produites par une température artificielle de 50 à 75 degrés Réaumur ; enfin, il prend toutes les formes qu'on veut lui donner, et ceci est d'un intérêt immense pour l'économie domestique, pour l'industrie et le commerce.

De ces trois facultés précieuses, inhérentes au *chanvre imperméable*, dérivent tous les emplois si divers auxquels il est propre.

On comprend dès lors qu'il remplace le cuir dans la plupart de ses usages : les étuis à chapeaux, les malles, les bidons, les schakos ; et il les remplace, avec plus de solidité, avec une plus belle apparence ; ajoutons surtout : avec une économie de près de 50 p. °/₀.

Et ces cartons, ces bois de Spa, qu'une industrie ingénieuse pare de laques anglaises ou chinoises, ne les remplace-t-il pas non plus ? il suffit de voir les porte-bouteilles et les plateaux qui sortent de cette fabrique.

La faïence est vaincue elle-même par le *chanvre imperméable*, pour les cuvettes, pots à eau, pots à fleurs, etc. ; en effet, la matière, d'ailleurs beaucoup plus gracieuse, ne se déforme pas, ne se dégrade point à l'eau bouillante, aux intempéries de l'atmosphère ; elle jouit surtout de l'avantage de ne pas se briser, avantage inappréciable pour les prisons, les hôpitaux d'aliénés, la marine.

Mais de tous les emplois que nous avons signalés et d'une foule d'autres que nous sommes contraints de passer sous silence, le plus important et le plus extraordinaire encore nous reste à décrire : c'est celui du *chanvre imperméable* appliqué aux décorations intérieures ou extérieures, même à la couverture des maisons.

Nous avons dit que ce *chanvre* remplaçait le bois en maintes occasions ; or, comme il est inaltérable à l'action de l'humidité ou de la chaleur, comme il peut être le plus facilement du monde recouvert des plus beaux décors, il devient infiniment précieux pour les rez-de-chaussée, les magasins et même pour les décorations extérieures des maisons. Les plaques ou feuilles décorées se disposent, à ces usages, dans toutes les formes et selon les dimensions qu'on désire. Une propriété de ce chanvre, que nous ne saurions passer sous silence, c'est de préserver les appartemens de toute humidité.

Passons à l'emploie de ce chanvre comme toiture de maisons, point le plus capital de tous. Chacun sait que la tuile est pesante, l'ardoise friable, le zinc sujet à l'électricité. Le *chanvre*, lui, léger, souple et fort, de sa nature *imperméable*, composé qu'il est de matières résineuses, grasses et bitumineuses, demeure essentiellement inoxydable, hydrofuge, inaltérable au froid comme à la chaleur, en tant qu'un corps peut l'être ; en outre, il se pose et se répare avec la facilité la plus grande, et revient, en définitive, à un prix inférieur aux couvertures les moins chères, en égard à la légèreté de la charpente nécessaire à l'opération.

Cette couverture de *chanvre* est, au choix, de trois couleurs : rouge, grise ou noire. On la peut doubler avec une très-mince feuille métallique et sans augmentation notable de prix. La pose varie elle-même selon la nature de l'application.

L'expérience des faits accomplis viendrait, au besoin, à l'appui de ce qui précède. Déjà plusieurs édifices ont été décorés ou couverts, dès 1838, en plaques de *chanvre imperméable*. Nous citerons notamment une maison à Bercy, à Limeil de Brévanne (Seine-et-Oise), à Paris, rue du Bac, n° 84; et, dans ces diverses applications, on n'a pas remarqué, jusqu'à ce jour, la moindre apparence de dégradation, non plus que dans les châssis mouvans de la compagnie du bitume Polonceau. En ce moment même, on couvre en plaque de *chanvre imperméable*, l'usine de gaz à la houille qu'a élevé, à Passy, la compagnie *Pérardel*, chargée de l'éclairage des Champs-Élysées.

La ville de Paris avait, dès le mois de juin 1838, essayé l'emploi des plaques de chanvre à l'indication des rues. Satisfaite de l'essai fait, depuis lors, rue des Filles-Dieu, du Petit-Carreau et place de l'Hôtel-de-Ville (ces plaques ayant conservé tout leur éclat, toute leur beauté primitive), elle vient d'en ordonner l'application définitive; on en posera incessamment un assez grand nombre.

Nous croyons en avoir assez dit sur une industrie nouvelle appelée à prendre rang parmi les créations les plus heureuses comme les plus importantes de notre époque. C'est au public à seconder de sa sympathie une haute entreprise, dont le moindre mérite est d'être éminemment nationale.

SAINT-MARC (Mme V^e), MM. PORTIEU et TETIOT aîné, à Rennes (Ille-et-Vilaine).—Médaille de bronze en 1823, rappel en 1827, médaille d'argent en 1834.— Toiles blanches et demi-blanches; basse-voile.

SECTION VI.

COUTILS.

DIVRANDE, à Canisy (Manche).— Médaille de bronze en 1834, sous la raison Lécluze-Biard.—Tissus en fil, couvertures pour cheval, coutils blancs et écrus pour pantalons de troupes. — Bons coutils grande barre 5/4 et 2/3 de large, en coton, en fil et coton, en fil pur. On doit surtout encourager la fabrication des coutils de fils, que l'étranger nous fournit en grande quantité.

DEBUCHY (François), à Lille (Nord). — Médaille de bronze en 1834. — Coutils et tissus pour pantalons.— Coutils pour pantalons en fil pur, blancs et de couleurs, unis et façonnés, remarquables par la régularité du tissage et le bon goût des dispositions.

CHARVET (Henri), à Lille (Nord). — Coutils fils de lin façonnés, en dessins variés.— Le département du Nord a largement et noblement payé sa dette à l'exposition de 1839. Il y a seulement quelques années, les Anglais étaient seuls en possession de fabriquer les coutils fils de lin façonnés. De nombreux essais, une persévérance infatigable, de grands sacrifices, tels sont les moyens puissans qu'il fallait opposer à l'activité de nos voisins d'outre-mer : c'est ce qu'ont fait aussi quelques maisons du département du Nord, au nombre desquelles nous croyons pouvoir placer M. Henri Charvet en première ligne. Désormais la France est affranchie du tribut qu'elle payait à l'étranger.

Dans l'industrie des coutils façonnés, le grand mérite consiste dans la variété des armures, des dessins, des croisées, dans la régularité des mélanges chinés et jaspés, le soyeux du tissu, la richesse comme la solidité des couleurs. Chaque grain, chaque armure, nécessite des études approfondies, de nombreux essais, des recherches minutieuses, pour atteindre ce point de perfection que nous avons trouvé dans la fabrication si nette, si cousue, si élastique, des nᵒˢ 1242, 1231, 1402, 1235 et 1277. M. Henri Charvet a vaincu les Anglais; c'est surtout la modération de ses prix que les acheteurs apprécieront.

Mais nous avons notamment remarqué ses trois pièces jaspées et mélangées, sous les nᵒˢ 1300, 1391 et 14. Il y a là de grandes difficultés vaincues; jamais on n'avait mis dans le commerce des effets de mélangés aussi bien fondus, aussi réguliers. En un mot, nous pensons que le public aura, comme nous, apprécié le soyeux du tissu, la richesse de couleur de certains produits de M. Charvet, car ils reflètent un brillant tel qu'on jurerait avoir de la soie sous les yeux.

DEFONTAINE-CUVELIER, à Turcoing (Nord). — Coupe de tissus, chaîne et trame en fils de lin; variés par couleur et disposition.— Ce que nous avons surtout remarqué dans les tissus de M. Defontaine-Cuvelier, c'est leur finesse et leur fraîcheur; ces étoffes, en tout fil, sont bien faites, toutes leurs dispositions sont bonnes; leur coloris flatte la vue, la forme et le fond méritent des éloges. Plusieurs d'entre elles, d'une confection bien plus légère et d'un prix peu élevé, sont destinées à l'étranger, et doivent être exportés au-delà des mers, en Espagne, en Italie. Quoique les produits de M. Defontaine-Cuvelier soient éminemment remarquables sous le double rapport de la régularité et de la souplesse, le fabricant est cependant parvenu à les établir à des prix modérés. Il a donc résolu ce problème, si difficile en matière de fabrication : celui du bon marché et de la perfection. En présence de pareils résultats, nous avons lieu d'espérer que bientôt la fabrique française pourra rivaliser avec celle de l'Angleterre.

CROCO et CIE, à Paris, 46, rue de Paradis-Poissonnière. — Médaille d'argent en 1834. — Tissus brochés en fil de lin, tissus pour gilets et robes. — PAGÈS BALIGOT, à Paris, 9, rue Albouy. — Nouveautés pour gilets, châles et robes. — DEBUCHY (Désiré), à Turcoing (Nord). — Médaille de bronze en 1827, rappel en 1834. — Satins façonnés, fils, soie et coton pour pantalons; tissus fil de lin, draps d'été, étoffes jaspées, coutils, etc. — POTALIER cousins, à Roubaix (Nord). — Tissus de fils pour gilets et nouveautés, cachemire d'été. — DAZIN Fils aîné, à Roubaix (Nord). — Tissus façonnés, fils et coton. — SCREPEL LOUAGE, à Roubaix (Nord). — Tissus pour gilets du plus nouveau et du meilleur goût. — DEWAVRIN (Anselme) à Turcoing (Nord). — Etoffes diverses, fil et coton.

CHAPITRE SIXIÈME.

GALVANISATION DU FER.

On a tout dit sur l'immense découverte de M. Sorel, et la *conservation du fer par le galvanisme*, est aujourd'hui l'un des plus grands bienfaits acquis à l'industrie. Les objets en fer galvanisé, que tout le monde a vu à l'exposition, sous le n° 157, par le nombre et la diversité de leur emploi, ont démontré du reste combien était multiple, infinie l'application de ce procédé. Non-seulement il est reconnu que cette découverte intéresse au plus haut degré tous les fabricans de bijoux, d'instrumens en fer, en acier poli, les horlogers, les couteliers ; mais dans d'autres spécialités plus larges et plus élevées encore, elle devient d'une importance incalculable. Nous citerons seulement les établissemens hydrauliques, les usines de gaz qui dépensent souvent plusieurs millions en tuyaux de conduite, quand les tuyaux Sorel, à diamètre et à solidité égale, coûtent deux tiers de moins que les tuyaux en plomb ; elle est indispensable pour la couverture des toits, pour les bateaux, pour les baignoires, en un mot, pour tous les objets où la tôle est employée. Ce procédé vient remplacer des métaux dispendieux : il a tout pour lui, légèreté, économie, durée. Déjà de nombreuses applications des *fers galvanisés* ont été faites, et comme ce procédé nous paraît appelé à un brillant avenir, nous avons cru devoir consacrer un chapitre tout entier à cette intéressante industrie et à l'examen des divers produits exposés par M. Sorel.

La galvanisation du fer, ou l'art de préserver le fer de la rouille dans les circonstances ordinaires où ce métal est habituellement employé, est une découverte qui a tellement at-

tiré dans ces derniers temps l'attention des savans et des industriels, qu'il doit sembler aujourd'hui presque superflu d'en parler encore.

Cependant nombre de personnes ont conçu ou conservé à ce sujet des notions si incomplètes ou si fausses, qu'il ne peut être inutile d'exposer au public, quelle est l'origine et en quoi consiste l'importance de cette industrie nouvelle.

La galvanisation est ainsi nommée du nom de Galvani, qui le premier découvrit une partie des faits qui accompagnent l'électricité par contact de deux métaux différens : l'un des plus remarquables de ces phénomènes consiste dans ce fait, que celui des deux métaux en contact qui a le moins d'affinité pour l'oxygène est constamment préservé de l'oxydation.

Souvent on a cherché à tirer parti de cette propriété remarquable pour garantir certains métaux de l'oxydation, et principalement le fer, qui y est un des plus sujets et qu'il est le plus important d'y soustraire. Ce grand problème est résolu aujourd'hui, non pas par des moyens coûteux et d'une application difficile, mais par des procédés tout-à-fait économiques et manufacturiers.

A l'aide de ces procédés on peut désormais, non-seulement mettre le fer à l'abri de la rouille dans les circonstances où il se trouve employé d'ordinaire, mais encore lui trouver une foule d'applications nouvelles que sa facilité d'oxydation ne permettait pas de tenter auparavant.

Ainsi les tuyaux de poêle, de cheminée, les chéneaux et conduits d'eaux qui se détruisent si rapidement, soit qu'on les fasse en tôle, soit qu'on les construise en fer-blanc, les gonds et ferrures des portes et fenêtres, les balcons, grilles, chaînes, clous, cercles de tonneaux, fils de fer, outils de tous états, et objets de construction civile, militaire et maritime, vont acquérir une durée presque illimitée ; ainsi l'usage du fer va pouvoir s'étendre économiquement à la couverture des maisons et terrasses, à la construction et peut-être au doublage des navires, aux conduites d'eau et de gaz, et à une foule innombrable d'emplois auxquels on n'a pu songer jusqu'à ce jour.

Les procédés de galvanisation sont de diverses sortes : l'un des plus usuels consiste dans une espèce d'alliage ou d'*étamage au zinc*, on pourrait dire de *zincage,* qui a la propriété, que ne possède pas l'étamage ordinaire à l'étain, de rendre le fer réellement inoxydable. En effet, dans l'étamage ordinaire, le fer n'est préservé *momentanément* de l'oxydation que par la couche superficielle d'étain qui le recouvre, et non pas par un effet d'électricité ; c'est l'étain au contraire qui est préservé de l'oxydation aux dépens du fer sur lequel se reporte toute la puissance de l'électricité de contact. Aussi dès qu'il est mis à nu, le fer est, dans ce cas, attaqué et percé par la rouille, bien plus vite que s'il n'avait pas été étamé.

Dans le procédé de galvanisation du fer par étamage au zinc, c'est le fer qui est électrisé négativement et le zinc qui est électrisé positivement ; c'est-à-dire que l'oxydation se porte sur le zinc seul et qu'elle ne peut atteindre le fer tant et aussi long-temps qu'il se trouve à sa surface des particules métalliques de zinc ; il faudrait que tout le zinc pût passer à l'état d'oxyde pour que le fer fût attaqué à son tour.

Or l'oxyde de zinc, qui se développe tôt ou tard à la surface par le contact galvanique, s'attache avec force au zinc métallique qui recouvre le fer, ou bien au fer même , et préserve ce métal de la rouille, comme le ferait une couche de vernis indestructible.

» Il se forme à la surface (dit Berzelius dans son *Traité de Chimie*) une croûte mince
» qui n'augmente pas, n'éprouve aucune altération à l'air, jouit d'une grande dureté, et
» résiste mieux que le métal lui-même à l'action. *mécanique* et *chimique* des autres corps.
» Un morceau de zinc, suffisamment sous-oxydé à sa surface, se dissout avec une lenteur
» extrême dans les acides, et seulement à la chaleur de l'ébullition ; c'est ce sous-oxyde
» qui, lorsque l'on fait usage de la pile galvanique, rend si difficile le nettoyage des pla-
» ques dont on s'est servi. »

Telles sont les propriétés qui rendent précieux l'étamage du fer au zinc, en même
temps que le bas prix de ce métal le rend économique et d'une application avantageuse.

Cette espèce d'étamage n'est pas nouvelle, l'idée en est assez ancienne ; mais les procédés pratiques en sont nouveaux.

Dans le siècle dernier, Malouin, en 1742 ; Delafolie, en 1778, et d'autres chimistes, à
différentes époques, cherchèrent à étamer le fer par le zinc, dans cette persuasion que le
zinc étant plus dur, plus difficile à user et à fondre que l'étain, donnerait aux vases ainsi
étamés la propriété de résister davantage au feu, de prendre un plus beau poli, de durer
plus long-temps, etc., etc. ; reconnaissant en outre que le zinc n'a pas non plus l'inconvénient que présente l'étain, de noircir les mains et le linge, ils cherchèrent aussi à étamer
le cuivre au zinc, et même il paraît qu'une fabrique de vases culinaires fut établie aux
environs de Rouen.

Rien n'est resté cependant de tous ces essais, soit que le haut prix du zinc à cette époque ne permit pas une concurrence possible contre l'étamage à l'étain, soit plutôt que les
procédés ne fussent pas convenablement choisis.

Au commencement du siècle actuel, la découverte de puissans gîtes de zinc, et principalement l'exploitation des mines de Stolberg et de la Vieille-Montagne, jetèrent dans le
commerce une immense quantité de zinc à un prix très-inférieur, et donnèrent de nouveau naissance à une foule de recherches sur l'emploi de ce métal : des tentatives infruc-
tueuses, et dont le souvenir est presque déjà perdu, furent faites pour appliquer le zinc à
une foule d'usages auxquels il n'était pas propre, ou auxquels personne ne sut le rendre
utile et avantageux, faute de connaître suffisamment son essence et ses propriétés.

Aujourd'hui que la science et une étude plus approfondie de la nature du zinc ont fait
justice des qualités par trop éminentes que les chimistes du siècle précédent se plaisaient
à lui attribuer, aujourd'hui qu'on reconnaît à ce métal la propriété, alors ignorée, de préserver le fer de l'oxydation ; aujourd'hui enfin que le prix du zinc, au lieu d'être double
de celui de l'étain, n'atteint pas seulement sa cinquième partie, l'étamage au zinc a pu
être tenté de nouveau,

Aussi, la plupart des étameurs qui parcourent les campagnes, profitant du bas prix du
zinc, ont-ils commencé par le mélanger à l'étain dans l'étamage des couverts et casserolles ;
il en est même qui ont été jusqu'à substituer entièrement le zinc à l'étain dans cet étamage, qu'ils continuent à faire prendre comme s'il était exécuté à l'étain ; les conséquences

de cette fraude, sous le rapport sanitaire, chez les habitans des campagnes, devraient sans doute être approfondies, comme elles semblent mériter de l'être.

Quoi qu'il en soit de cette espèce de faculté publique de zincage du fer, l'industrie de M. Sorel ne peut avoir aucune espèce de concurrence à redouter d'elle. Protégé déjà par des brevets qui assurent à cette industrie privilégiée l'usage exclusif de procédés particuliers dont une expérience déjà assez ancienne a démontré la supériorité, elle est encore protégée par une des plus remarquables découvertes de l'industrie moderne, par une invention qui *seule* permet de tirer parti, à un très-haut prix, des résidus et déchets de la fabrication des fers galvanisés.

Pour les objets qui, par leur forme, leur volume ou leur position, ne peuvent être galvanisés par étamage, on emploie un autre procédé, *la peinture galvanique*. Cette peinture se fait avec du zinc réduit en poudre impalpable et provenant des résidus de la fabrication, résidus considérables qui seraient perdus si cet ingénieux emploi ne leur avait été trouvé, si des débouchés plus lucratifs encore ne leur étaient assurés.

La peinture galvanique, ou le zinc *en poudre* entre à l'état *métallique*, à l'opposé des autres peintures où le métal qui en fait la base ne se trouve qu'à l'état d'*oxyde;* cette peinture, appliquée sur le fer, est un préservatif de la rouille presque aussi puissant que le procédé de galvanisation par étamage ; elle est en outre beaucoup plus économique que les peintures à la litharge, à la céruse, au minium, etc., etc., et elle a des emplois infiniment plus nombreux et plus étendus.

La *poudre galvanique* peut encore être utilisée à la conservation des instrumens et articles de coutellerie, de quincaillerie et de bijouterie en acier, soit par application directe, soit en entrant dans la composition d'un *papier galvanique* destiné à l'emballage de ces objets.

Des citations qui feront autorité achèveront de faire connaître cette remarquable industrie et toutes ses immenses conséquences.

TRAITÉ SUR L'ÉLECTRICITÉ, DE M. BECQUEREL.

« Un grand nombre de chimistes avaient cherché à appliquer l'électricité de contact à » la préservation du fer, mais les méthodes employées étaient défectueuses; leurs efforts, » jusqu'à M. Sorel, étaient restés sans résultat; toutefois sir Humphrey Davy est mort avec » la conviction que l'application du principe était possible. »

EXTRAIT DU RAPPORT FAIT A LA SÉANCE GÉNÉRALE DE LA SOCIÉTÉ D'ENCOURAGEMENT, PRÉSIDÉE PAR M. LE BARON THÉNARD, LE 5 JUILLET 1837.

« Les expériences de plusieurs membres du comité des arts chimiques ont fait voir que » les procédés de M. Sorel protègent efficacement le fer contre l'oxydation ; on a donc » l'espoir de voir bientôt l'étamage galvanique s'appliquer avec avantage, non-seulement » aux feuilles de tôle mince, mais encore sur les grosses pièces de fonte et de fer, telles » que celles à l'usage de la marine, de l'artillerie et de la construction ; les ferremens des

» navires, des caissons, les projectiles de guerre, etc., etc.; les gros ferremens enfoncés
» dans les corps humides ou recouverts de plâtre; les clous, fils de fer et toiles métalli-
» ques en fer, etc. La peinture galvanique conviendra sans doute aux divers objets en fer
» exposés à l'action de l'air et de l'eau. »

« La tôle en fer est employée avec succès en Russie pour la couverture des toits; mais
» dans un autre climat elle exigerait sant doute un entretien plus dispendieux. M. Sorel,
» auteur de plusieurs appareils fort ingénieux, a imaginé récemment un nouveau procédé
» d'étamage de la tôle, qui communique à celle-ci la propriété de résister complètement
» à l'oxydation, même sous l'influence d'agens plus actifs que l'air et l'humidité. Nous
» regrettons que les épreuves auxquelles cet essai a été soumis n'aient pas une date plus
» ancienne, pour justifier son emploi sur un monument public. »

En juin 1838, l'ancienneté ne manque plus aux expériences et leur résultat est des plus
satisfaisans.

M. Dulong, en faisant la comparaison de divers métaux entre eux, ajoutait dans le
même rapport :

« On a signalé la grande combustibilité du zinc ; l'incendie une fois déclaré, il
» deviendrait difficile de l'éteindre, cette objection nous paraît fondée. L'opinion des
» commissaires serait donc d'exclure le zinc de tous les monumens surmontés d'un comble
» en bois ; l'emploi de la tôle galvanisée présente tous les avantages offerts par le zinc, et
» n'en a pas les inconvéniens, puisque la tôle n'est pas susceptible de s'enflammer, ni de se
» déformer par l'effet des changemens de température, comme cela a lieu avec le zinc. En
» outre ce nouveau produit ne revient pas plus cher que le zinc à un degré de solidité égal,
» et charge moins les combles. »

NOTICE DE M. PELLETAN SUR LA GALVANISATION DU FER, EXTRAITE D'UN RAPPORT FAIT PAR
M. PAYEN, A LA SOCIÉTÉ D'ENCOURAGEMENT, AU NOM DU COMITÉ DES ARTS CHIMIQUES, SUR
LE PROCÉDÉ DE M. SOREL, POUR LA CONSERVATION DU FER.

« Les belles expériences de Humphrey Davy ont démontré qu'un appareil galvanique
» capable de changer l'état électrique d'un métal pouvait tellement modifier ses réactions
» sur les agens extérieurs, qu'il pouvait être ainsi préservé d'oxydation lorsqu'on le
» mettait en contact avec de l'eau aérée et même avec de l'eau de mer.

» Ce savant avait de plus essayé l'application en grand de son moyen, et malgré les
» difficultés pratiques, graves et nombreuses, il était resté persuadé que dans un avenir plus
» ou moins éloigné, ce procédé pourrait être avantageusement mis en usage.

» Dans un rapport fait à l'Académie des Sciences, par M. Becquerel, ce savant a
» également démontré que c'était encore en mettant le fer et l'oxygène dans un semblable
» état électro-négatif que les solutions alkalines pouvaient complètement préserver de

» l'oxydation le fer plongé dans ces liquides, malgré l'oxygène qui y est contenu. Mais
» ce fait bien constaté ne pouvait trouver que des applications restreintes, puisqu'il fallait
» pour que ces objets en fer fussent conservés, qu'ils restassent plongés dans le liquide
» préservateur, dans tous les intervalles de leur service.

» Ainsi, on doit le reconnaître, un procédé de conservation du fer, applicable dans
» tous les cas, restait encore à trouver.

» M. Sorel eut l'heureuse idée de mettre le fer sur tous les points de sa surface, en
» présence d'un métal qui change sa réaction électrique et pour ainsi dire toutes ses
» affinités chimiques ; de cette manière il est parvenu à le garantir contre son excessive
» propension à se combiner avec l'oxygène sous l'influence de l'humidité, oxydation qui
» constitue, comme on sait, la cause la plus générale de la détérioration de ce métal.

» M. Sorel a voulu compléter son œuvre en découvrant des procédés simples, faciles et
» économiques pour réaliser ses justes prévisions.

» En effet, il est parvenu à étendre uniformément le zinc sur le fer ; ce n'est pas par
» une seule couche superficielle que le zinc adhère au métal à préserver ; il le pénètre à
» une profondeur plus ou moins grande, et qui peut varier à volonté.

» Bien plus, l'action préservatrice ayant une certaine sphère d'activité, les parties du fer
» qui ne sont pas en contact avec le zinc résistent également à l'action de l'air humide,
» comme à celle de l'eau aérée; tandis que dans la tôle étamée, les parties qui ne sont pas
» couvertes d'étain, et même le fer sous-jacent à un point où l'étain n'est pas exactement
» appliqué, s'oxydent autant que s'il était partout ailleurs laissé à nu.

» Les expériences nombreuses faites depuis plusieurs mois ont confirmé ces résultats ;
» on a pu également observer que sur les divers objets en fer galvanisé, la légère oxydation
» blanchâtre du zinc s'arrête bientôt et paraît garantir par son adhérence les particules
» sous-jacentes de ce métal, ainsi qu'une plus longue expérience l'a démontré relativement
» aux feuilles de zinc pur.

» Nous ajouterons que les objets étamés à l'étain ordinaire, exposés comparativement
» aux mêmes influences, se sont trouvés fortement corrodés par la rouille.

» Déjà un assez grand nombre de fabricans et de consommateurs ont accueilli favo-
» rablement le nouveau procédé de conservation du fer, et s'en sont bien trouvés. Parmi
» les objets les plus usuels, ainsi répandus en ce moment dans le public, nous citerons les
» conduits de la fumée ou tuyaux de poèles, dont la détérioration est ordinairement si
» rapide dans les parties exposées aux intempéries de l'atmosphère ; les chaines employées
» à l'air ou dans l'eau, pour différens usages ; enfin les clous et les toiles métalliques.

» Il est bien d'autres usages auxquels le fer galvanisé pourra devenir applicable. Ainsi
» dans une des dernières séances de l'Institut, les administrations de l'artillerie et de
» la marine se plaignaient des pertes énormes qu'elles éprouvaient par suite de l'altération
» des boulets, et elle demandaient les moyens à employer pour prévenir ce déchet : à
» cette occasion, M. Dumas a fait remarquer qu'on pourrait tirer un excellent parti de la
» galvanisation du fer, pour remédier à ces pertes annuelles.

» M. Dulong a également fait observer que les tôles galvanisées appliquées à la couver-

» ture des habitations éviteraient le principal inconvénient des couvertures en zinc, c'est-à-
» dire leur facile combustibilité dans les incendies, et réaliseraient aussi tous leurs avantages,
» et principalement l'économie et la légèreté.

» Le fer rendu sensiblement inoxydable n'aurait pas une moins haute importance dans
» ses applications au maintien des charpentes et des travaux de maçonnerie, à la construc-
» tion des chéneaux, des gouttières, des conduites d'eau et des tubages de puits artésiens.

» La couche préservatrice nous semblerait aussi susceptible d'avoir encore un réel
» avantage, lorsqu'elle serait appliquée sur les parois extérieures des conduites du gaz
» hydrogène tiré de la houille.

» En effet, l'oxydation qui ronge les tuyaux en fonte, surtout vers les points en contact
» avec une terre humide, peut finir par perforer les parois et offrir ainsi au gaz une issue
» au-dehors.

» Or, on sait, et nous l'avons établi, que les déperditions de gaz par les joints, les défauts
» ou la porosité de certaines fontes, causent en général un très-notable préjudice aux
» compagnies propriétaires des usines, et que d'autres inconvéniens pourraient encore
» résulter de ces fuites. L'application de la couche de zinc serait donc ici tout-à-fait
» nécessaire contre la rouille; peut être même aurait-elle un autre avantage, celui de rendre
» les tubes moins perméables au gaz. A cet égard des expériences comparatives, faites sous
» des pressions graduées, pourraient offrir un véritable intérêt et confirmer cette dernière
» proposition.

» M. Sorel a proposé en outre l'emploi d'une peinture à base de zinc, rendu pulvérulent
» par un ingénieux procédé, et qui servirait à mettre dans les conditions précitées de
» résistance à l'oxydation les objets en fer, tôle ou fonte, trop pesans ou trop volumineux
» pour pouvoir être soumis au placage de la lame de zinc.

» Une circonstance dernière, qui justifie encore l'intérêt attaché aux procédés nouveaux,
» c'est qu'ils sont plus économiques que l'étamage usuel ; qu'à résistance mécanique égale,
» la tôle ainsi préservée peut être avec bénéfice livrée au même prix que les feuilles en zinc,
» et que la couverture en tôle revient à meilleur marché que l'ardoise, et lui est bien
» supérieure.

» En résumé nous pensons que l'opération du fer galvanisé, qui pourra présenter encore
» beaucoup d'autres applications, mérite d'être encouragée, parce qu'elle présente pour
» base un fait physico-chimique réel et bien constaté, et pour conséquences des avan-
» tages nombreux et obtenus à peu de frais. »

Le rapport de M. Payen se termine ainsi :

« Ajoutons qu'au nombre des garanties déjà offertes par cette industrie naissante, nous
» devons compter le suffrage de l'un des premiers manufacturiers de l'époque, M. John
» Cockerill, qui s'est décidé à donner son concours au développement de l'industrie.

» Nous venons en conséquence vous proposer d'offrir un témoignage de votre appro-
» bation pour les utiles efforts de M. Sorel, en ordonnant l'insertion de ce rapport au
» bulletin , et son renvoi à la commission des médailles.

» *Signé* PAYEN, rapporteur. » Approuvé en séance, le 28 février 1838.

EXTRAIT DU RAPPORT DU CONSEIL DE SURVEILLANCE DE LA SOCIÉTÉ DE GALVANISATION DU FER A
PARIS, A L'ASSEMBLÉE GÉNÉRALE DES ACTIONNAIRES (20 AVRIL 1838).

« En nous expliquant leur pensée sur les divers modes d'exploiter la galvanisation, les
» gérans de la Société ont ouvert devant nous un vaste champ, fertile en faits d'une haute
» importance.

» Nous voudrions pouvoir développer devant vous, messieurs, une foule de détails qui
» exciteraient au plus haut degré votre attention et votre intérêt; mais la prudence nous
» commande de les taire.

» Il nous est permis de déclarer que la galvanisation du fer s'appliquera et commence
» déjà à s'appliquer à un nombre tellement grand, et à une masse tellement importante
» d'emplois d'une nécessité et d'une utilité premières, qu'en l'exploitant avec le discerne-
» ment et avec l'activité convenables, il ne doit pas y avoir de bornes à ses succès et à ses
» résultats, et notre seule crainte serait que, tout en possédant des ressources pécuniaires
» suffisantes, les gérans ne pussent pas répondre au besoin du commerce et de la consom-
» mation.

» Cette assertion s'appuierait, messieurs sur un grand nombre de faits, s'il nous était
» permis de descendre dans les détails et dans les développemens que nos rapports avec
» les gérans et notre examen nous ont nécessairement appris à connaître.

» Il suffira de déclarer que si vos gérans ne s'écartent pas de la route que leur propre
» sagesse leur trace, et des conseils si lumineux et si sages qu'ils ne cessent de recevoir, le
» succès est assuré, et le plus brillant avenir récompensera leurs efforts et justifiera la
» confiante attente de MM. les actionnaires. »

EXTRAIT D'UN RAPPORT SUR DES EXPÉRIENCES FAITES PAR M. F. JACQUOT.

I

Sur l'emploi du fer galvanisé.

« J'ai plongé pendant plusieurs mois dans de l'eau de saline la plus forte, diverses pièces
» galvanisées, sans qu'elles fussent altérées, quoique chargées d'une couche adhérente de sel.
» J'ai exposé des fers galvanisés sur un toit, dans la terre, à la vapeur, dans l'urine,
» partout j'ai retrouvé les mêmes résultats satisfaisans.
» J'ai chauffé des pièces de fer galvanisé jusqu'au rouge cerise; d'autres jusqu'à l'entière
» disparition de la couche galvanique, et à ma grande surprise, j'ai reconnu qu'elle
» restaient inoxydables, même dans une dissolution de sel ammoniaque.
» J'ai passé à la meule des platines de tôle galvanisée jusqu'à en user la couche supé-
» rieure sur les deux faces, et j'ai remarqué que malgré l'enlèvement total de cette couche
» et quoique le fer paraisse rendu à son état primitif, néanmoins les pièces restent tout
» entières inoxydables, pour peut qu'il reste quelques particules galvanisées.

» Les expériences que j'ai faites sur les pièces polies sont des plus satisfaisantes, et même
» paraissent offrir de nouvelles combinaisons au commerce des articles de quincaillerie. »

II.

Sur la peinture galvanique.

» J'ai plongé une platine de tôle, peinte sur tous les sens, dans un tonneau d'urine ser-
» vant aux ouvriers ; retirée et replongée alternativement pendant plusieurs semaines, elle
» n'a pas subi la moindre altération ; mais il faut observer que pour résister à cette grande
» épreuve, la peinture doit être appliquée à trois couches, comme les peintures ordinaires,
» et parfaitement sèche.

» J'ai exposé des pièces peintes au feu, par une température tellement élevée, qu'il est
» certain que la chaleur du soleil ne pourra jamais nuire à cette peinture, sous aucun climat.

» J'ai fait peindre du bois, du papier, du cuir, et j'ai reconnu que cette peinture est
» beaucoup plus imperméable que la peinture ordinaire, et que l'eau glisse beaucoup mieux
» dessus ; en ce moment je fais ainsi peindre une de mes fabriques ; c'est vous dire toute
» ma confiance dans cette nouvelle découverte.

» J'ai fait peindre des tuyaux en cuivre d'une machine à vapeur à haute pression ; la cha-
» leur a rendu cette peinture dure et adhérente, au point qu'il faut un outil aciéré pour
» la gratter et la détacher du métal.

» J'ai fait peindre intérieurement une chaudière à vapeur à haute pression, en la faisant
» bien sécher avec un feu de petit bois avant d'y introduire l'eau. L'épreuve du temps n'est
» pas encore assez longue pour dire si cette peinture remplit parfaitement le triple but
» désiré, de rendre étanches les petites fissures et fentes imperceptibles du métal, et de
» diminuer l'adhérence des dépôts, en même temps que de préserver la chaudière de l'oxy-
» dation. »

D'autres expériences ont prouvé que la peinture et la poudre galvaniques forment un excellent lut pour les chaudières, les tuyaux à vapeur et à gaz, tout comme pour les conduites d'eau.

Et quant au fer galvanisé, l'on a reconnu par des expériences directes, que, plongé
pendant plusieurs mois dans l'eau de mer, il reste inattaquable à l'oxydation, qui se reporte, mais bien faiblement, sur le zinc.

Cette propriété peut faire espérer l'emploi avantageux de la tôle galvanisée au doublage
des navires pour la grande navigation ; en effet, s'il a fallu renoncer au procédé imaginé
par sir H. Davy, pour la conservation du doublage en cuivre des vaisseaux, c'est que, aussitôt que le cuivre est préservé d'oxydation, les petits coquillages et animaux marins qui
se rencontrent en si grande abondance dans les mers chaudes s'attachent à la coque du
navire, souvent en masse considérable et qu'ils en gênent ou ralentissent la marche.

C'est pourquoi on a dû renoncer à l'emploi du cuivre inoxydable ; mais en adoptant le
doublage en fer galvanisé, on aura l'avantage de conserver le métal principal intact d'oxy-

dation, tout en présentant à l'extérieur de la coque une couche d'oxyde et de sels de zinc, qui aura peut-être la propriété de chasser, comme le vert-de-gris, tous les petits animaux marins qui abondent dans certaines mers et pour lesquels les combinaisons de zinc, faiblement émétiques chez l'homme, peuvent être de violens poisons.

C'est là une affaire d'expérience, et cette expérience ne tardera pas sans doute à être faite.

LETTRE DE M. LE BARON SÉGUIER, DE L'ACADÉMIE DES SCIENCES, A M. SOREL.

« J'ai, Monsieur, à vous annoncer une nouvelle qui, je crois, vous fera plaisir. Je viens » de retirer mon bateau de l'eau; après avoir arraché plusieurs des plaques de tôle gal- » vanisée par votre procédé, dont j'avais recouvert les joints de mes longues douves, j'ai » eu la satisfaction de remarquer que le métal qui les compose, tout comme les clous qui » les fixaient, sont dans un état parfait de conservation.

» Il y a environ un an, Monsieur, que j'ai accepté votre proposition de faire l'essai de » votre tôle galvanisée, sous l'eau; je suis heureux de pouvoir attester qu'après cet espace » de temps, aucune trace de détérioration ne se fait apercevoir.

» Je crois, Monsieur, tout en rendant hommage à la vérité, vous être agréable et utile » en vous faisant connaître le résultat de cette expérience.

» Agréez, Monsieur, l'assurance de ma considération très-distinguée,

» *Signé:* Baron SÉGUIER.

» Paris, 19 avril 1838. »

A ce fait significatif reconnu par M. le baron Séguier, on peut ajouter les suivans qui n'ont pas moins d'importance.

Des tuyaux de poêles et de cheminées, placés dans des appartemens ou dans des usines, avant l'hiver, et chauffés souvent jusqu'au rouge, ont été retirés et visités après l'hiver et il a été reconnu qu'ils ne présentaient pas la moindre trace d'oxydation ni d'aucune détérioration de ce genre.

Des caisses pour plantes et orangers, remplies de terre et exposées depuis un an dans un jardin, viennent d'en être retirées et renvoyées à l'établissement de Paris pour y démontrer leur état parfait de conservation.

Enfin des expériences nombreuses ont prouvé toute l'efficacité des procédés de galvanisation : des tôles, des clous, des chaînes, des canons de pistolets, ont été exposés, depuis quinze à vingt mois, à côté d'objets semblables en fer nu et en tôle ordinaire étamée, à toutes les intempéries de l'atmosphère : les objets en fer nu, ceux en tôle étamée, ont été couverts et rongés par la rouille ; les objets galvanisés sont restés intacts ; dans les points même où le fer avait été mis à nu, il s'est recouvert d'un sous-oxyde métallique, dont l'effet s'est joint à l'action du galvanisme pour préserver le fer de la rouille.

Ce qui précède fait suffisamment connaître quelle est l'importance des procédés de conservation du fer par la galvanisation que nous devons à M. Sorel, il ne nous reste donc plus qu'à donner à nos lecteurs l'énumération des divers produits exposés par cet habile industriel.

Sous le n° 157, nous avons remarqué un grand assortiment d'objets en fer galvanisé, tels que des tôles pour l'usage de la ferblanterie et de la tôlerie, des feuilles préparées pour la couverture des maisons, des tuyaux de poèles et de cheminées, des formes à sucre, des seaux, des arrosoirs, des clous de toute espèce, des étrilles, et un grand nombre d'autres objets.

La Société d'Encouragement a décerné une médaille pour les procédés de galvanisation.

Sous le n° 295, M. Sorel avait exposé divers produits de son invention, parmi lesquels il nous faut signaler d'abord de beaux objets coulés avec un nouvel alliage que l'auteur nomme *fonte inoxydable.* On voyait, dans la cour, deux grands vases faits avec cette matière : ces vases appartiennent à l'École des Beaux-Arts ; ils ont passé neuf mois dans la cour du palais de l'Ecole sans que la pluie ait altéré le moins du monde leur belle couleur de bronze florentin. Il importe de faire observer que ces vases ne sont pas peints ; le bronzage nous a paru provenir d'une précipitation métallique.

Nous avons encore remarqué différens objets en fonte inoxydable, des bustes, des roues d'engrenage, des corps de pompe et même des instrumens tranchans.

Sous le même numéro, on pouvait voir du cuivre que M. Sorel a rendu *inoxydable* par un nouveau procédé. *Des échantillons de ce cuivre sont placés dans de l'eau de mer depuis le* 16 *novembre* 1837 ; on n'y remarque pas la moindre trace d'altération, ni la formation d'un atome de vert-de-gris. Nous croyons savoir très-pertinemment que M. le ministre de la marine a fait la commande d'un certain nombre de feuilles de ce cuivre pour doubler un navire dans le port de Brest.

A côté du *cuivre inoxydable,* sont placés des objets en fer cuivré ou étamé au cuivre. On dit que ces objets ne sont pas cuivrés, par immersion, dans un bain de cuivre, mais par un procédé de cémentation.

Toujours *sous le même numéro* (295) étaient exposés divers autres appareils de M. Sorel.

1° Son *régulateur du feu,* pour lequel l'Académie des Sciences lui a décerné un prix. Cet appareil a servi à MM. Becquerel et Breschet, dans leurs belles expériences sur la chaleur animale : on l'applique aussi avec succès à l'incubation artificielle des œufs. On peut voir au Pecq, près Saint-Germain-en-Laye, chez Mme *Rousseau,* un appareil qui fonctionne depuis quatre ans sans interruption ; on y fait éclore trois mille poulets à la fois.

2° Un *appareil culinaire* avec régulateur du feu. Dans cet appareil, on fait cuire, *sans aucune surveillance,* quatre plats, y compris le rôti et le pot-au-feu, et en outre on chauffe de l'eau pour laver la vaisselle, le tout avec une dépense de cinq centimes de charbon.

L'appareil occupe un espace d'un pied carré ; il se vend 35 fr. La Société d'Encouragement a décerné une médaille pour cet appareil.

3° Un appareil à *siphon thermostatique* pour le chauffage des liquides par la circulation. Cet appareil nous semble incontestablement ce qui a été imaginé de plus parfait pour le chauffage des bains à domicile.

4° Divers *appareils de sûreté* pour prévenir les explosions des chaudières à vapeur. Ces appareils sont on ne peut plus ingénieux ; il nous ont paru d'un effet infaillible. Ils sont tous basés sur des principes connus; mais les dispositions en sont nouvelles. L'un fonctionne par la fusion d'un alliage; l'autre, par la rupture d'un tube à paroi mince, auquel il est impossible de substituer un tube à paroi plus épaisse; un autre, par l'effet d'un flotteur, qui lors d'un trop grand abaissement du niveau de l'eau dans la chaudière, fait ouvrir une soupape qui précipite la vapeur sur un sifflet qui fait un bruit épouvantable, jusqu'à ce que l'on rétablisse le niveau de l'eau à sa hauteur normale.

M. Sorel nous a dit qu'il offrait dix mille fr. à celui qui ferait éclater une chaudière munie de ses appareils: voilà un noble et brillant défi porté à l'incrédulité.

Sous le numéro 262, MM. Gautier et Emery ont exposé un appareil de l'invention de M. Sorel pour obtenir le jus de la betterave, par voie de déplacement ou de substitution de l'eau au jus sucré.

La Société d'Encouragement a décerné, en 1837, une médaille pour cet appareil.

CHAPITRE SEPTIÈME.

LAMPE DE MINEUR, BITUMES

ET HOUILLES.

SECTION PREMIÈRE.

LAMPE DE MINEUR.

DU MESNIL (baron), à Dijon (Côte-d'Or). — Lampe de mineur ; perfectionnement de la lampe de Davy. — Une lampe bien autrement importante que celles qui sont destinées à éclairer nos salons, où elles pourraient être remplacées par d'autres moyens d'éclairage, c'est la LAMPE DES MINEURS, ou *lampe de sûreté*. En effet, il ne s'agit pas seulement ici de s'éclairer; il faut défendre sa vie contre l'explosion des gaz que la lampe ordinaire ne manquerait pas d'allumer. Pour peu qu'on ait suivi les progrès des découvertes utiles, on sait que l'illustre chimiste anglais Humphrey Davy a imaginé une lampe de sûreté pour les mineurs, dont malheureusement l'efficacité n'a pas été démontrée par l'expérience. Le besoin d'une semblable invention était tellement senti, qu'à l'apparition de la lampe de Davy, la compagnie des mines de New-Castle lui fit un cadeau de 20 mille pounds sterlings (500,000 francs).

En 1834, une vingtaine de mineurs furent tués, dans la houillère du Creuzot, par l'explosion du feu *grisou*. Après ce désastre, le gouvernement ordonna l'emploi de la lampe de Davy ; mais, en la soumettant à diverses épreuves, on s'aperçut qu'elle ne résistait pas à un afflux un peu considérable de gaz délétère, et qu'elle s'éteignait en mettant le feu au *grisou*. M. le baron du Mesnil, de Dijon, témoin de beaucoup d'accidens de ce genre, a attiré l'attention des hommes éclairés sur cette question qui intéresse la vie de beaucoup d'ouvriers et l'exploitation de nos mines de houille, où ces accidens arrivent le plus fréquemment; il a inventé et fait exécuter une lampe de sûreté qui réunit toutes les garanties que l'on peut désirer contre le danger des explosions. Soumise à l'examen de l'Académie des Sciences, MM. Thénard, Dumas, Élie de Beaumont et de Bonnard ont été nommés commissaires; et dans les expériences faites par ces messieurs, on a dirigé sur la lampe des courans d'hydrogène carbonné, et même d'hydrogène pur, qui ont brûlé sans explosion, et leur flamme s'est réunie à celle de la mèche sans l'éteindre.

Un grand nombre de ces lampes ont été distribuées dans les mines par les soins de M. le baron du Mesnil, afin d'engager les ouvriers à s'en servir, et même à les fabriquer, car elles sont très-simples et peu coûteuses : 4 francs de matériaux, et de 2 à 3 francs de façon, selon les localités.

Cette lampe consiste en un réservoir d'huile à niveau constant, avec une mèche plate ; un tube de cristal très-épais, pesant un demi-kilogramme, est comprimé entre deux plates-formes par des rainures remplies de laines ; deux becs à air sont placés de chaque côté du bec à huile ; ils sont couverts d'une toile métallique du n° 80 et versent le gaz obliquement sur la mèche ; une longue cheminée placée sur la lanterne, et qui lui donne l'apparence d'un poële, détermine un fort courant d'air, et la flamme est blanche comme dans la lampe d'Argant. Les produits de la combustion sortent de la longue cheminée assez refroidis pour ne pas pouvoir mettre le feu.

On ne saurait trop louer le zèle des personnes qui, comme M. le baron du Mesnil, s'occupent de la conservation de la vie et de la santé d'une classe d'hommes aussi utiles et aussi recommandables que les ouvriers des mines ; la vie pénible qu'ils mènent dans les entrailles de la terre mérite toute la sollicitude de ceux qui vivent à sa surface.

SECTION II.

BITUMES.

COIGNET, à Paris, 35, rue Hauteville. — Médaille de bronze en 1834. — Mastic bitumineux pour dallage, couverture, etc., etc. — On donne le nom de *Bitume* à des substances combustibles, composées essentiellement de carbone et d'hydrogène. On en distingue trois espèces principales dans la nature : 1° le Naphte ou Huile de pétrole, liquide, jaunâtre, etc.; 2° le Bitume de Judée, karabé de Sodôme, recueilli depuis un temps immémorial sur les bords de la mer Morte (lac asphaltique) et employé par les Égyptiens pour embaumer et *momifier* les corps; 3° le Malthe, poix minérale, goudron minéral, qui imprègne certains calcaires et grès connus sous le nom de *grès* et *calcaires bitumineux*. Un calcaire de ce genre est l'élément principal du mastic ou ciment qu'on nomme, à Paris, *Bitume de Seyssel.*

Ce calcaire bitumineux ou asphalte, ne s'est rencontré jusqu'ici chez nous en quantité suffisante, pour fournir à de grands travaux, que dans le département de l'Ain, à Pyrimont, deux lieues nord de Seyssel, petite ville qui a donné son nom aux mines (1).

Objet d'une concession qui remonte à 1792, rendue perpétuelle en 1810, elles appartiennent aujourd'hui à la société en commandite Coignet et Cie.

C'est à l'emploi de leurs produits que les travaux exécutés par cette société doivent un caractère de solidité et de durée, qui les distingue de tous ceux du même genre.

La consommation de ces produits, assez restreinte pendant plusieurs années, s'est élevée de 1833 à 1836 de 300,000 à 800,000 k., par les soins de M. le comte de Sassenay, qui était alors propriétaire des mines. Des considérations particulières l'ayant déterminé, en 1837, à les céder à la société en commandite Coignet et Cie; les mesures adoptées par cette société ont porté, cette même année, la consommation à 1,500,000 k. Celle de 1838 s'élèvera à plus de 16,000,000 k., d'après les demandes déjà faites à la société par suite des marchés qu'elle a conclus avec l'Angleterre, la Belgique, les Pays-Bas, la Prusse Rhénane, le reste de l'Allemagne et l'Autriche; la société a de plus obtenu le privilége exclusif de l'importation en Russie.

(1) On en trouve aussi à Lobsann (Bas-Rhin), mais en petite quantité, et coûtant beaucoup plus qu'à Pyrimont. Ainsi, le bitume de Lobsann est le seul, avec celui de Seyssel, dans la composition duquel entre un calcaire bitumineux.

On cesse d'être surpris de l'extension prodigieuse que prend l'emploi du mastic de Seyssel, quand on connaît les propriétés qu'assure à ce bitume l'emploi de la roche asphaltique de Pyrimont-Seyssel, propriétés qui les rendent précieux pour plusieurs genres de travaux très-importans et très-répandus.

Nous allons dire un mot des principaux, en citant les ouvrages déjà exécutés dans chaque genre. On remarquera que bon nombre de ces ouvrages sont déjà d'une date ancienne, et que presque tous sont d'une date assez ancienne pour répondre de leur durée, par leur état de conservation.

L'emploi du bitume, comme ciment, dans les travaux hydrauliques, n'est par nouveau. « J'ai fait enduire, il y a trente-six ans, dit Buffon, article Bitume, un assez grand bassin » du jardin d'histoire naturelle, qui depuis a toujours tenu parfaitement l'eau. »

Le *Dictionnaire des Sciences, Arts et Métiers*, donne les détails suivans : « Ce fut avec le » mastic bitumineux qu'on répara, en 1743, le bassin principal du Jardin du Roi, et, de- » puis ce temps, il n'a éprouvé aucun dommage. C'est aussi avec cette matière que furent » enduits le marbre et le bronze d'un beau vase que M. de la Sablonnière eut l'honneur » d'offrir au roi, en 1740. Ce fut aussi avec ce ciment qu'on répara les bassins de Versailles » et le beau vase en marbre blanc, sur lequel est représenté le sacrifice d'Iphigénie. »

En 1817 et années suivantes, on a construit, avec du bitume de Seyssel, à Bordeaux, plusieurs bassins, et notamment un grand lavoir à l'hôpital des femmes malades. Un grand nombre de travaux hydrauliques ont été confectionnés avec un égal succès dans plusieurs autres villes, entre autres à Paris, à l'hôtel de M. le baron de Montmorency.

Parmi les nombreux certificats qui constatent la bonté du mastic de Seyssel, il s'en trouve un, à la date de 1827, signé par vingt-deux des principaux architectes de France, et qui contient le passage suivant :

« Les architectes ci-dessus dénommés, certifient qu'ils ont employé le bitume de Seyssel » dans tous les ouvrages hydrauliques, où il pouvait être appliqué ; que son usage est pré- » férable pour les toits et les terrasses à tous les autres matériaux ; qu'il permet l'emploi de » systèmes plus simples, son poids étant beaucoup moindre que celui du plomb et même » de la tuile ; qu'enfin, il ne demande pas de réparation et procure ainsi une grande éco- » nomie. »

Tous les travaux de couvertures, exécutés depuis en bitume de Seyssel, ont confirmé ce témoignage favorable.

Les principaux sont les deux bâtimens d'administration du magasin à fourrage de Bercy, précédemment couvert de bitume factice qui n'avait pas réussi (600 mètres carrés) ;

Le bâtiment d'administration de la manutention quai de Billy, à Paris (300 mèt. carrés).

A l'arsenal de Douai, en 1832, six couvertures inclinées au tiers, dont une de 2,700 mètres carrés avait été précédemment faite en bitume de Lobsann, et n'avait pas réussi (10,700 mètres carrés).

A Nevers, les nefs de la cathédrale ont été couvertes en bitume de Seyssel (309 mèt. c.)

A Bourbonne-les-Bains, on a couvert une caserne (600 mètres carrés).

A Péronne, couvert une caserne (1,700 mètres carrés).

A Anvers, on a couvert dans la citadelle deux casernes et un magasin à poudre (1,700 mètres carrés) ; un bâtiment à l'arsenal brûlé (1,600 mètres carrés); la porte de la route de Malines (240 mètres carrés).

A Bruxelles, on a exécuté plus de 700 mètres carrés de couvertures.

A Tirlemont, couvert l'Hôtel-de-Ville, etc.

Une couverture d'un magasin à poudre (200 mètres carrés), exécutée en 1807 au fort de l'Écluse, et qui ne présente aucune altération, peut être citée comme garantie de la durée des ouvrages dont on vient de parler.

Si l'emploi du bitume de Seyssel présente de grands avantages pour les couvertures, il n'en offre pas moins pour le carrelage des planchers, le dallage des réz-de-chaussées et même des caves.

Le carrelage en asphalte a, sur le carrelage ordinaire, l'avantage d'être plus chaud que celui-ci, de garantir de la vermine, et de n'être sujet à aucune réparation. On peut le laver et l'entretenir avec la plus grande propreté, sans qu'il se détériore en rien. Pour les rez-de-chaussées, il garantit de plus de l'humidité.

A Genève, on est même parvenu, par le moyen d'un dallage en asphalte, à mettre une cave à l'abri des hautes eaux du lac. Le même résultat a été obtenu à Bordeaux, dans plusieurs caves exposées à des inondations.

C'est surtout dans les édifices publics, tels que les marchés, les collèges, les églises, les hôpitaux (1), que le dallage en asphalte trouve ses plus heureuses et ses plus importantes applications. Dans les marchés, il permet de faire autant de lavages qu'on le jugera convenable, non-seulement sans se détériorer le moins du monde, mais encore sans conserver aucune trace d'humidité, et par conséquent d'entretenir, sans aucun inconvénient, la propreté, si essentielle à ces sortes d'établissemens (2). Pour les collèges, il fournit aux corridors, aux salles de récréations et d'exercices, un dallage parfaitement uni sans être glissant, ni poudreux, ni sujet à aucune dégradation.

Employé comme dallage dans les églises, le bitume de Seyssel garantira du froid et de l'humidité, inconvéniens malheureusement trop fréquens dans ces édifices. La nouvelle église de Saint-Vincent de Paul, au bout de la rue Hauteville, à Paris, doit être dallée en asphalte de Seyssel. On remarquera que, pour les prisons, ce genre de dallage rend les évasions beaucoup plus difficiles. Il est en effet impossible de rien cacher sous sa surface, sans y laisser des dégradations que le prisonnier ne peut réparer, et masquer comme dans un dallage ordinaire.

A Melun, les aires de la maison de détention ont été dallées en asphalte (1,000 m. c.).

Le bagne de Toulon, dallé de même, résiste mieux au frottement des chaînes, permet une surveillance plus exacte et une plus grande propreté, que lorsqu'il était dallé en pierres.

On a remplacé, par une aire en bitume de Seyssel, le pavé d'une partie d'écurie à la

(1) A l'hôpital de Lille, on a exécuté le remplacement d'une partie du carrelage par des aires en asphalte, ensemble, 1,500 mètres carrés.

(2) Le marché souterrain, galeries du commerce et de l'industrie, boulevart Bonne-Nouvelle, à Paris, est dallé en asphalte.

caserne du quai d'Orsay, à Paris. Cet essai, qui date de trois ans, a très-bien réussi. Les officiers ont même remarqué que les chevaux y sont plus tranquilles que sur le pavé.

Le génie militaire a trouvé, dans le bitume de Seyssel, un enduit supérieur à tous ceux qu'il avait employés jusqu'ici pour la confection des *chapes*, qui se rencontrent si souvent dans les travaux dont ce corps est chargé.

A Vincennes, depuis 1832, il en a été confectionné plus de 6,000 mètres carrés, ainsi que 4,000 mètres d'aires et 2,000 mètres carrés de revêtement, avec carreaux de terre cuite.

A Lyon, les chapes, terrasses et aires des forts détachés présentent, une surface de 20,000 mètres carrés, sont exécutés avec la même matière.

Sans nous arrêter à plusieurs autres usages du bitume de Seyssel, parmi lesquels il en est de pur agrément, et, pour ainsi dire, de luxe(1), passons à l'emploi le plus important qu'on en ait encore fait, celui de dallage pour les trottoirs et les places publiques destinés aux seuls gens de pied. Cet emploi, quoique beaucoup plus récent que tous ceux dont on vient de parler, a déjà reçu de considérables et belles applications.

Une portion des trottoirs du Pont-Royal, à Paris, côté des bains Vigier, mise en expérience depuis quatre ans, et sur laquelle on estime qu'il passe plus de 30,000 personnes par jour, fournit en ce moment une preuve convaincante de la solidité du dallage en bitume de Seyssel, dont elle est recouverte. On peut remarquer qu'il n'a éprouvé aucune altération, tandis que les bordures en pierre dure, qui l'encadrent, sont déjà creusées en plusieurs endroits, par le frottement continuel des pieds.

Aussi la liste civile n'a-t-elle pas hésité à faire exécuter, par la société Coignet et Cⁱᵉ, le trottoir de la rue de Rivoli, de mille mètres de long, et la ville de Paris, le dallage de la place de la Concorde. Chacun de nous a été temoin de la promptitude de l'exécution de cette vaste mosaïque de 18,800 mètres carrés. On peut juger aujourd'hui de l'effet qu'elle produit, ainsi que de la manière dont elle a résisté au froid rigoureux de l'hiver qui vient de s'écouler.

Les différentes parties des boulevarts intérieurs de Paris, ceux de Tortoni et de l'Opéra, dallés en bitume de Seyssel, ont aussi parfaitement résisté au froid ; il ne faut pas les confondre avec d'autres portions des mêmes boulevarts, dallés en bitume factice. Celles-ci, particulièrement sur les deux côtés du boulevart Montmartre; se sont fendues en beaucoup d'endroits pendant la gelée de l'hiver dernier. Ces crevasses, qui, ajoutées les unes aux autres, donneraient une longueur de plus de 1,000 mètres, viennent d'être bouchées ; mais il est à craindre de voir de semblables accidens se renouveler à chaque froid rigoureux. Cette épreuve récente confirme ce que disait déjà M. Rozet dans son rapport à la Société Géologique de France, en date du 7 mars 1836 (*Bulletin de la Société Géologique de France*, tom VII, f. 8—10), « Beaucoup de tentatives ont été faites pour imiter le mastic dont nous » parlons (celui de Pyrimont-Seyssel) ; mais, dans ces opérations, le calcaire asphaltique

---

(1) On peut voir, en ce genre, des mosaïques exécutées en cailloux de diverses couleurs, cimentés avec du bitume de Seyssel, dans deux corridors, au rez-de-chaussée du château de Versailles, et dans la laiterie de la maison de campagne appartenant à M. Fuld, au village de Roquencour, près de cette même ville.

» a été remplacé par des substances qui, absorbant 40 ou 50 pour °/₀ de bitume (gou-
» dron minéral) (1), donnent une composition que le soleil fait fondre et le froid crevas-
» ser ; ou d'autres qui n'ayant aucune affinité pour le bitume, s'en séparent avec le temps.
» Peu d'instans après que le mastic de Pyrimont-Seyssel a coulé, dit encore M. Rozet,
» même rapport, il reprend toute sa dureté, qui est telle, qu'à une chaleur de plus de
» trente degrés, il ne reçoit aucune impression de la marche. Quoique très-dur, il con-
» serve une certaine élasticité, qui lui permet de suivre, sans se rompre, tous les mouve-
» mens qu'éprouve la charpente (2) ou la maçonnerie sur laquelle il est appliqué, et de
» résister parfaitement à la marche (3). » L'expérience confirme tous les jours que les
propriétés particulières au bitume de Seyssel, dépendent de la roche asphaltique de Pyrimont, qui y entre dans la proportion de 90 sur 100.

C'est l'opinion positive de l'auteur d'un article de l'*Echo du Monde savant,* du 12 mai
dernier. « Ainsi, dit l'auteur de cet article, après être entré dans le détail des faits sur les-
» quels il base son opinion, nous croyons que le ciment de Seyssel a une véritable supé-
» riorité sur les autres cimens, et qu'il mérite, sous ce rapport, la faveur dont il jouit au-
» près des actionnaires et du gouvernement. »

Un prix moins élevé est donc la seule considération qui puisse déterminer à employer
les bitumes factices. Mais après avoir lu ce qui précède, les propriétaires seront éclairés
sur la nature de ce bon marché, qui, en résultat, n'est qu'apparent, puisqu'il arrive presque
toujours, comme on a pu le remarquer dans plusieurs travaux rapportés ci-dessus, qu'après
avoir essayé du bitume factice, on est obligé d'avoir recours à celui de Seyssel.

Former une société pour l'exécution des travaux de ce ciment dans les trois départemens de Seine-et-Oise, d'Eure-et-Loir et de l'Oise , c'est tendre à y propager le plus possible l'emploi de cet utile produit ; c'est y intéresser doublement les habitans, en les mettant
à même de participer aux bénéfices résultans des travaux. « La société en commandite ,
» celle de toutes qui, suivant les propres expressions du dernier rapport à la chambre (4),

---

(1) Le calcaire de Pyrimont-Seyssel ne renferme que 9 à 10 pour °/₀ de bitume, combiné, par l'action volcanique, avec du car-
bonate de chaux à peu près pur.

(2) Les trottoirs du Pont du Carrousel sont une preuve frappante de cette propriété. Il suffit de se trouver sur ce pont au moment
du passage d'une voiture, pour se convaincre des oscillations auxquelles son système de charpente le rend sujet, et qui n'ont altéré en
rien le dallage des trottoirs.

(3) Nous avons déjà cité plusieurs travaux de couvertures pour lesquels on a été obligé de remplacer le bitume factice par celui de
Seyssel.

M. Simms, ingénieur civil, attaché à l'observatoire royal de Londres, dans un petit ouvrage qu'il a publié en anglais sur l'emploi
du mastic de Seyssel, rend compte en ces termes de l'expérience comparative qui a eu lieu à l'abbatoir Montmartre, à Paris, entre le
dallage de bitume factice et celui de bitume de Seyssel : «Une partie de cet établissement, dit-il, a été enduite de mastic d'asphalte, et
» l'autre, de mastic artificiel, tous deux employés comme pierre à paver. De cette manière, on a pu faire une épreuve très-exacte de
» leurs qualités respectives, exposés comme ils l'étaient au piétinement des hommes et des bestiaux, aux violentes convulsions de mort
» de ces derniers, au sang et à l'eau dont ce lieu est continuellement inondé. Jusque-là, les pierres du pavé s'usaient fort vite, et
» demandaient de fréquentes réparations; mais la durée et la qualité du mastic naturel sont si grandes, que, quoique employé depuis
» plusieurs mois, il semble toujours neuf, tandis que le mastic artificiel est si détérioré par les trous qui s'y sont formés qu'ils ressem-
» ble à un rayon de miel. En outre, ces trous remplis de sang et d'ordure, offrent un aspect très-désagréable. » (*Practical Observations on the Asphaltic Mastic, etc.* London, John Weale, architectural library, 39, hiht Holborn, 1837.)

(4) Rapport de la commission de la chambre des Députés pour les sociétés en commandite, avril 1838.

» sur les sociétés de cette nature, présente les élémens les plus sûrs de succès, l'intérêt, la
» liberté, l'unité d'action, nous a paru atteindre le but que nous nous proposions. » D'après
des données dont on peut garantir l'exactitude, les bénéfices sur les travaux presqu'assurés
dans un seul des trois départemens désignés ci-dessus, suffiront à servir, 1° les intérêts à
5 pour 0/0 d'une société en commandite, avec un fonds de 100,000 fr.; 2° à payer les
frais d'administration d'établissement et de main-d'œuvre. Les bénéfices présumés dans
les deux autres départemens resteront pour les dividendes à espérer.

On peut donc, sans crainte de se trop avancer, présenter aux actionnaires l'affaire qu'on
leur propose comme un placement d'argent au moins à 10 pour 0/0 d'intérêts, les dividendes compris.

DEBRAY et CIE, à Paris, 93, rue du Faubourg Saint-Denis.—Goudron et mastic asphaltique des mines de Bastennes (Landes). — L'usage principal de ce goudron pur et limpide,
sert à la fabrication du mastic asphaltique, qui s'emploie pour les dallages et couvertures de
maisons, ainsi que pour le mélange avec les produits des roches asphaltiques de Seyssel,
du Val-de-Travers, et de diverses roches également asphaltiques qui sont en exploitation
tant en Suisse qu'en Savoie.

L'emploi de ce goudron est presque universel ; les diverses compagnies établies, tant en
France que dans les principales villes de différens royaumes, en font un usage journalier,
soit pour la fabrication du mastic dans laquelle il entre dans la proportion de 20 pour 0/0,
cette fabrication devenant forcée vu la difficulté de faire venir des roches asphaltiques, ou
la cherté des prix de transport ; soit enfin pour le mélange avec les roches asphaltiques
dans lequel il entre dans les proportions de 6 à 10 pour 100 suivant le plus ou le moins de
richesse de ces roches.

L'exploitation de ces mines se fait soit à découvert ou par galerie : la séparation du goudron d'avec le minerai s'opère par l'ébulition de la matière, et l'épuration et le raffinage,
afin d'en extraire le sable et l'eau, se font par le feu.

Cette exploitation commencée depuis plus de trente ans, et organisée sur une plus
grande échelle depuis deux ans, en raison du plus grand écoulement de ses produits, occupe plus de six cents ouvriers et permet de répondre à toutes les demandes.

BERNAD et CIE, à Paris, 14, rue de Bondi. — Exploitation des mines de bitume et
de calcaire asphaltique de Cérasson-Frangy, peinture asphaltique préparée avec des bitumes naturels.

Les mines de Cérasson-Frangy fournissent, non-seulement le bitume glutineux de la
meilleure qualité, et parfaitement convenable pour la bonne confection de toutes sortes
de travaux, mais aussi le calcaire asphaltique de nature et de richesse tout-à-fait identi-
que à celui de Pyrimont-Seyssel.

La compagnie de Cérasson livrera en outre au commerce le mastic préparé avec ses produits et sans aucun mélange de bitume factice.

Mais ce qui doit particulièrement fixer l'attention de MM. les architectes, entrepreneurs et propriétaires c'est sa *peinture asphaltique*, fabriquée par des procédés brevetés.

Ce nouveau produit appliqué à *froid* et à la brosse, comme la peinture ordinaire, forme un enduit parfaitement hydrofuge, et va satisfaire enfin, d'après des expériences concluantes, au besoin si généralement senti de préserver les habitations des inconvéniens de l'humidité.

Il peut s'employer dans ce but :

1° Sur les briques ou autres matériaux dont on voudra former des assises imperméables au-dessus du sol, pour arrêter dans les constructions les effets résultant de la capillarité ou de la nature hygrométrique des matériaux employés ;

2° Sous les carreaux de terre cuite, pierres de liais ou autres, pour empêcher également l'humidité du sol de les pénétrer, et rendre ainsi les rez-de-chaussées parfaitement sains ;

3° Sur les parois des murs en pierres, moellons, plâtres ou mortier de chaux qui, par ce moyen, seront aussi rendus complètement secs à la surface enduite, et mis en état de recevoir toutes sortes de décors en peinture, papiers, étoffes, etc., sans crainte de les voir détériorer par l'effet de l'humidité intérieure des murailles ;

4° Sur les bois de constructions navales ou autres et sur les bois de menuiserie tels que lambourdes, dessous de parquets et de frises, revers de lambris, poutres de ponts, bateaux, navires, qui seront ainsi garantis des effets de l'humidité du sol et de celle résultant du séjour dans l'eau ;

5° Sur tous les métaux pour les préserver de l'oxidation tels que conduites en fer, fonte, zinc, fers de ponts, grilles, machines, etc.;

6° Sur les cartons ordinaires, cartons pierre et papier d'emballage, pour les rendre imperméables ;

7° Sur les feutres de toutes sortes, toiles, cordages, etc.;

8° Sur le tain des glaces pour les garantir à tout jamais des détériorations causées par l'humidité et le contact des corps durs ;

9° Sur les semelles et bouchons de liége. Pour ces derniers, la peinture asphaltique peut remplacer la cire à cacheter avec l'avantage de s'employer à froid, et d'éloigner les insectes qui, dans certaines localités, attaquent le bouchon et occasionnent la perte du vin.

Enfin elle peut aussi servir aux amateurs d'horticulture qui, en l'appliquant à deux ou trois couches sur les tronçons des branches nouvellement taillées, préserveront les arbres des maladies qui résultent de l'infiltration des eaux dans les gerçures.

La peinture asphaltique va, comme nous l'avons dit, satisfaire à l'un des besoins les

plus généralement senti, en préservant les habitations des villes et des campagnes des dégradations que l'humidité occasionne si promptement dans les boiseries, peintures et
décors.

Elle aura ainsi l'avantage inappréciable de rendre ces habitations tout à la fois saines et
agréables.

Des travaux exécutés depuis plus d'un an ne laissent aucun doute sur l'efficacité de ce
nouveau produit, comme hydrofuge.

On peut voir tous les jours des échantillons d'applications, au siége de la société, rue
de Bondi, n° 14, à Paris, où toutes les demandes doivent être adressées.

> Goudron minéral, les 100 kil......... 60 f. »
>
> Asphalte en roche, les 100 kil....... 15 f. »
>
> Mastic d'asphalte, les 100 kil......... 25 f. »
>
> Peinture asphaltique, le kil.......... 1 f. 50 c.

Nota. — 1 kilog. de peinture asphaltique couvre une toise ou quatre mètres superfi-
ciels à deux couches.

La compagnie de Cérasson-Frangy se charge aussi des applications de bitume et asphalte
pour toutes sortes de travaux, à des prix modérés qui seront réglés suivant la nature et
l'importance des travaux à exécuter.

BEX AÎNÉ (M⁰ᵉ Vᵉ), à Paris, 13, rue de la Chaussée d'Antin. — Carrelage en stuc bitumineux. — Le carrelage en stuc bitumineux imitant le marbre, est une invention à
laquelle nous croyons pouvoir prédire un bel avenir. Les carrelages ordinaires sont dépourvus de beauté et si l'on veut obtenir d'autres résultats, on est obligé de recourir au marbre, accessible à peu de personnes à cause de son prix élevé. L'industrie de Mᵐᵉ veuve Bex,
pour laquelle un brevet d'invention a été délivré, vient donc répondre à un besoin du public; il est souvent fort difficile de mettre les appartemens à l'abri de l'humidité, on y
parviendra d'une manière sûre au moyen du stuc bitumineux. Mᵐᵉ veuve Bex peut
imiter tous les marbres qui lui sont demandés. Son exposition présentait des imitations de
ce genre, de plusieurs couleurs, infiniment remarquables par la richesse de la coloration et
la solidité de la forme.

DOURNAY Frères, à Paris, 12, rue Richer. — Médaille de bronze en 1823, rappels en
1827 et 1834. — Goudron minéral, roche asphaltique, mastic asphaltique, etc., etc. —
On a remarqué à l'exposition les produits bitumineux que MM. Dournay frères tirent des
mines de Lobsann (Bas-Rhin). Leurs prix sont beaucoup réduits depuis 1834; leur mastic

bitumineux, qui coûtait alors 24 francs, ne coûte plus que 16 francs pour 100 kilogrammes; ils avaient exposés deux articles nouveaux, savoir : une caisse ou cuve en *briques bituminées*, tout-à-fait imperméable , un échantillon de papiers imperméables aussi souples que des papiers ordinaires, et précieux pour les emballages. Ils exportent leurs produits dans toute l'Allemagne, surtout pour les travaux des fortifications et des ponts-et-chaussées.

ROUX et Cᴵᴱ, à Paris, 31, rue Louis-le-Grand. — Bitume végéto-minéral pour dallage et objets d'ameublemens.

Toutes les personnes qui ont visité l'exposition, ont remarqué les dallages en bitume végéto-minéral qui ornaient les entrées principales des salles consacrées à l'exposition ; rien n'était plus joli, plus gracieux, que les dessins de ces dallages aussi solides, aussi inaltérables que les simples dallages en bitume de Pyrimont-Seyssel. Le bitume végéto-minéral de M. Roux et Cᴵᵉ peut servir à tous les usages : pour dallage de cour, salle à manger, laiterie, monumens publics, etc.

BEAUDOIN, à Paris, 3, rue des Récollets. — Produits bitumineux. — BIDON et ARRAULT, à Montmartre (Seine), 1, rue du Chemin-Neuf. — Dessins pour incrustation en stuc, asphalte multicolore. — ADVIER, à Paris, 15, boulevart Saint-Martin. — Bitume végétal. — MATHIEU, à Paris, 39, rue Laffitte. — Goudron vive essence, huile fine, bitume. — PELLIGUE, à Saint-Léger-du-Bois (Saône-et-Loire). — Schistes bitumineux , bitume liquide, matière grasse provenant des schistes, huile fine pour l'éclairage direct ; bougie provenant de produits bitumineux, goudron minéral solide et huile volatile.

SECTION III.

HOUILLES.

La houille est exploitée dans trente-deux départemens; mais dans quatre seulement, l'Aveyron, la Loire, Saône-et-Loire et le Nord, cette exploitation donne les quatre cinquièmes du produit total. Quatorze départemens fournissent la lignite , et quatre autres l'anthracite. Voici les produits de ces substances minéralogiques pour l'année 1837-1838:

	QUANTITÉS.	VALEURS.
Houille.	1,574,143,000 k.	15,009,741 f.
Lignite.	70,280,200	557,849
Anthracite.	38,930,000	512,080
TOTAUX pour l'année 1837-1838. .	1,683,303,200	16,079,670
Importations en 1833.	699,457,178	10,477,398
———— en 1827.	540,448,917	
———— en 1823.	326,659,603	

Ainsi, dans le court laps de temps qui sépare les expositions de 1827 et de 1839, l'importation des houilles étrangères a plus que doublé, malgré les droits considérables dont elles sont chargées ; cette importation sera bientôt égale à la moitié des houilles tirées des mines françaises. L'achèvement des canaux et l'entreprise des chemins de fer peuvent seuls restituer un avantage relatif au combustible tiré de notre sol.

SCHNEIDER Frères et Cⁱᴱ. — Établissement du Creusot (Saône-et-Loire) à Paris, rue de la Victoire, 31.— Houillères , forges, fonderies et ateliers de construction.—L'établissement du Creusot est peut-être le seul qui ait fourni à l'exposition un *spécimen* aussi complet qu'intéressant de toute l'industrie métallifère; ses nouveaux propriétaires, MM. Schneider frères et Cⁱᵉ, l'ont entièrement régénéré et considérablement augmenté, surtout sous le rapport des constructions mécaniques. Leurs travaux se divisent en trois branches : 1° *l'extraction de la houille;* 2° *la fabrication du fer;* 3° *la construction des machines.*

Ce serait une étude pleine d'intérêt que d'examiner en détail chacune de ces diverses parties, de suivre l'extraction de la houille et la transformation du minerai depuis la fonte jusqu'à la machine la plus perfectionnée, comme l'ont fait avant l'exposition les membres du jury d'admission de Saône-et-Loire; mais l'étendue de notre cadre ne nous permet pas de reproduire les développemens contenus dans leur procès-verbal sur les diverses parties de l'établissement qui forment maintenant un ensemble si parfait, nous nous bornerons à rappeler en quels termes ce jury rend compte des produits qui lui ont été soumis par MM. Schneider frères ;

» 1° Collection d'échantillons de la houillère du Creusot, considérée comme un des principaux alimens du grand centre de production de l'établissement et comme article de commerce ;

» 2° Collection d'échantillons de minerais des diverses qualités employées , considérés comme élémens actuels de la fabrication des hauts fourneaux ;

» 3° Trois échantillons de fontes au coke , savoir: 1° Fonte à air froid ; 2° idem à air chaud (procédé Cabrol); 3° fonte grise à moulage, en première et deuxième fusion, considérés comme produits des hauts fourneaux ;

» 4° Six échantillons de fer en barre (plat et carré pour chacun d'eux), savoir : 1° fer commun du Creusot, provenant de fonte mazée (ancien procédé); 2° idem fonte à l'air froid, affinée directement aux *fours bouillans*; 3° idem provenant de fonte à l'air chaud (procédé Cabrol), affinée directement ; 4° fer dit *à la marque*, provenant d'un mélange de fonte du Creusot et du Berry ; 5° fer provenant de fonte de Comté pure, affinée à la houille ; 6° idem affinée au charbon de bois, et fer martelé ;

» 5° Collection de dix échantillons de fer d'angle, dont cinq pour chaudières, quatre pour bateaux et un pour toitures en tôle, témoignant de la variété d'échantillons que produit la forge du Creusot, même pour les fers spéciaux ;

» 6° Collection de onze échantillons de fers pour *rails*, soit de chemins intérieurs de diverses usines, soit pour les chemins de fer existant en France ou en cours d'exécution, pour lesquels des fournitures ou des commandes ont été faites au Creusot ;

» 7° Collection de cinq échantillons de feuilles de tôle à chaudière et aussi pour bateaux à vapeur et toitures, indiquant les qualités et les dimensions considérables des tôles affinées à la houille, et témoignant qu'avec les meilleurs fers ainsi obtenus on peut produire des tôles qui résistent aux travaux les plus difficiles, si elles sont habilement employées ;

» 8° Six échantillons des produits des ateliers de construction, et notamment un cylindre en fonte trempée, dont la partie extérieure est dure comme l'acier trempé. Un arbre en fer forgé du poids de 1,058 kilog., pour un bateau à vapeur en construction pour le Rhône, et une bielle pour le même bateau, exposés, l'un pour constater la perfection du travail de tour, et l'autre celle de l'ajustage ;

» 9° Une machine à vapeur portative, à cylindre horizontal, de la force de douze chevaux, à raison de 11,000 fr. (y compris les chaudières et tous les accessoires), renferme toutes les améliorations que l'expérience a indiquées dans les ateliers du Creusot : elle est produite comme type d'une construction très-simple et très-convenable pour un grand nombre d'usages (1).

» 10° Une machine locomotive à six roues; roues motrices; paraissant d'une seule pièce; six pieds anglais, cylindre treize pouces, et course du piston dix-huit. Cette locomotive, de la plus grande force, est produite pour témoigner de la perfection du travail qui existe aujourd'hui sur tous les ateliers du Creusot : elle est destinée pour le chemin de *Bâle* à *Strasbourg*; son prix est de 40,000 fr. (2).

---

(1) Elle fait partie d'une série de machines de 8 à 20 chevaux sur un même modèle. Elle est destinée principalement à l'exploitation des mines, quoiqu'elle puisse s'appliquer avec beaucoup d'avantages à d'autres usages. Mais on a eu principalement en vue la promptitude de la pose, la stabilité de sa charpente et la facilité de la manœuvre des câbles dans les puits.

(2) Cette machine a été construite pour courir avec une grande vitesse et remorquer des charges considérables : c'est pourquoi on a étendu autant que possible la surface de chauffe, donné un grand diamètre au cylindre et augmenté celui des roues motrices. Cette machine a été entreprise après la construction de 14 autres machines. Elle a reçu tous les perfectionnemens constatés par l'expérience, et l'on remarque surtout la belle et bonne exécution de sa chaudronnerie, son essieu coudé forgé d'une seule pièce, la simplicité et la précision de tous les détails d'ajustage, enfin les deux grandes roues, tout en fer forgé, travail des plus difficiles qui ne le cède en rien à ce qu'ont fait de mieux les constructeurs anglais.

T. I.   19

» Tels sont les produits, au nombre de quarante-cinq, qui ont été soumis à l'examen du jury départemental. Il lui a paru que quelques-uns des échantillons de la houillère du Creusot présentaient des qualités supérieures et pouvaient entrer en concurrence avec les meilleures houilles de France. Les houilles du Creusot, au surplus, semblent réunir en général les qualités les plus précieuses, soit pour la fabrication du coke, soit pour les fours à réverbères, la maréchallerie et le chauffage des machines.

» Le jury a reconnu avec intérêt les qualités particulières aux divers échantillons de la fonte au coke. Celui coté n° 5 surtout a excité son attention ; il est destiné au moulage en première et deuxième fusion, et a paru pouvoir être assimilé aux bonnes fontes anglaises pour fonderie. Le jury a assisté au moulage de diverses pièces, et notamment d'un cylindre pareil à celui coté n° 39, dont l'enveloppe extérieure est en fonte trempée, et il a reconnu que les fontes grises du Creusot produisent des moulages homogènes et compactes dans toutes leurs parties, sans soufflures ni piqûres, résultat qu'on n'avait pu obtenir jusqu'ici au moyen des fontes de Comté et même du Berry, si précieuses d'ailleurs par leur ténacité. Les fontes grises du Creusot sont produites par un mélange de mines de Chalencey et du Berry.

» Passant ensuite à l'examen des produits de la forge, le jury a reconnu avec plaisir les améliorations apportées dans la qualité du fer commun du Creusot par le nouveau procédé d'affinage aux fours bouillans. Il a été frappé du bas prix des échantillons n° 7 et n° 8 (36 cent. le kilogr. pris à la forge), dont la qualité particulière les rend si propres à la fabrication des *rails*. Il en a été de même pour le n° 9, dit fer *à la marque*, et qui est le résultat du mélange des fontes au coke du Creusot et de celles du Berry. Enfin, les échantillons n°s 10 et 11 lui ont paru remarquables sous le même rapport, eu égard à l'excellence de leurs qualités pour les tôles à chaudières et l'usage des ateliers de construction. Les fers de l'échantillon n° 10 sont employés en totalité dans l'usine. Le jury a vu ensuite avec intérêt la variété des échantillons fabriqués au Creusot pour fers d'angle et rails de chemins de fer ; les modèles pour ce dernier usage sont au nombre de onze, d'après les fournitures déjà faites ou préparées pour les divers chemins établis ou en construction.

» Les échantillons n° 36 et n° 37 de tôle puddlée, provenant de fontes fines de Comté *affinées à la houille,* qualité de fer de l'échantillon n° 10, ont paru remarquables. L'un est un fond de chaudière circulaire, relevé à angle vif, et l'autre une calotte hémisphérique. L'échantillon n° 38, provenant d'une tôle de fer au charbon de bois, affinée au Creusot a paru d'une qualité supérieure.

» Passant enfin dans le vaste atelier de montage, le jury a examiné avec le plus vif intérêt la machine à vapeur de douze chevaux, qui devait être soumise à l'exposition ; il en a admiré la simplicité très-remarquable, comme aussi le fini et la perfection du travail.

» La grande locomotive destinée au chemin de Strasbourg à Bâle a fonctionné en présence du jury avec une régularité parfaite. »

Tel est le résultat de l'examen fait par le jury départemental, qui s'est surtout attaché à constater les perfectionnemens et les améliorations de toute espèce que MM. Schneid frères ont apportés au Creusot.

Leur infatigable activité s'est portée, en effet, presque simultanément sur tous les points, et depuis trente mois seulement que le Creusot est entre leurs mains, déjà les hauts-fourneaux, la forge, la fonderie et les ateliers de construction ne laissent plus rien à désirer (1).

L'avenir des mines, long-temps compromis, est maintenant assuré largement par un système de travaux qui se poursuit au moyen d'une machine d'épuisement de deux cents cinquante chevaux, construite dans l'établissement.

Enfin un chemin de fer établi par les nouveaux propriétaires sur une longueur de 10,000 mètres vient d'être inauguré, et, en réunissant le réseau des chemins de fer intérieurs du Creusot au canal du centre, il rend aussi facile qu'économique l'arrivage des approvisionnemens et l'expédition des produits.

---

(1) MM. Schneider frères ont introduit dans la direction du Creusot des améliorations morales, germes féconds semés dans le présent, et dont l'avenir recueillera les fruits ; c'est ainsi qu'au milieu de 2,000 ouvriers occupés par eux, une jeune population formée aux travaux reçoit l'instruction dans une vaste école ouverte le jour pour l'éducation des enfans, et le soir pour l'enseignement spécial des ouvriers adultes.

CHAPITRE HUITIÈME

TYPOGRAPHIE, CALCOGRAPHIE,

LITHOGRAPHIE, GÉOGRAPHIE.

―◦❋❍❋◦―

SECTION PREMIÈRE.

TYPOGRAPHIE.

Depuis long-temps la typographie est parvenue, en France, nous dirons presque aux limites de la perfection, pour la beauté des caractères, le choix des papiers, la pureté du tirage et l'extrême correction dans les éditions destinées à reproduire dignement les chefs-d'œuvre de notre littérature. C'est surtout à Paris que s'est formée et développée cette magnifique industrie. Aujourd'hui nous voyons avec un vif sentiment de satisfaction la typographie de deux de nos départemens, ceux de l'Allier et de la Côte-d'Or, se présenter au concours national avec une production qui prend un rang éminent parmi les chefs-d'œuvre de l'art. Nous espérons qu'aux expositions prochaines, d'autres départemens, où la typographie fut jadis célèbre, se présenteront à leur tour dans cette carrière, ne fût-ce que pour reproduire les antiquités , les monumens, les souvenirs , les annales des anciennes provinces, et conserver ainsi , par la puissance de l'industrie , tous les souvenirs dont se compose le passé de la patrie.

Il est une autre typographie qui ne travaille ni pour exciter l'admiration des contemporains, ni pour obtenir les suffrages des siècles futurs ; mais qui s'occupe seulement de satisfaire aux besoins usuels avec simplicité , économie et rapidité. Cette presse populaire a fait les progrès les plus marqués depuis la dernière exposition.

Elle a profité des perfectionnemens de la papeterie , et surtout des papiers sans fin. L'usage des presses mécaniques , encore si restreint en 1827, a pris une grande étendue. Cette innovation diminuait proportionnellement le travail des pressiers, classe d'hommes robustes et chèrement rétribués. Dans les premiers mois de 1830, l'usage des presses mécaniques et des papiers sans fin avait permis de multiplier les grandes entreprises de livres classiques et d'ouvrages populaires, en compensant l'extrême bon marché par le très grand nombre d'exemplaires. Aucun ouvrier n'était oisif et les impressions s'accroissaient dans un rapport beaucoup plus grand que celui des travailleurs typographes. Le premier effet de la révolution de 1830 fut de ralentir subitement l'impulsion donnée à l'imprimerie; il fallut laisser inoccupées un grand nombre de presses mécaniques pour conserver aux ouvriers le travail nécessaire à leur existence. Par degrés l'état social a repris son équilibre primitif; la détresse même où s'est trouvé le commerce de l'imprimerie et de la librairie a fait redoubler d'efforts afin d'imprimer à des conditions plus favorables à la fois pour le consommateur et pour le producteur. On a, plus que jamais, recherché le bas prix des ouvrages dans les productions tirées à un grand nombre, et l'instruction générale a profité des souffrances, heureusement passagères, de toutes les professions relatives à la typographie ainsi qu'à la librairie. .

I.

GRAVURE ET FONTE DE CARACTÈRES.

La perfection des caractères de typographie n'est pas , comme quelques esprits bizarres ont paru le penser dans ces derniers temps, un résultat du caprice et de l'imagination. Des caractères parfaits doivent satisfaire à des conditions sévères et nombreuses, qui rendent pour ainsi dire unique la solution du problème. Aussi, les plus beaux caractères sont-ils encore, à quelques raffinemens près dans la proportion des pleins et des déliés, ce qu'ils étaient il y a trente ans et plus, lorsque les Pierre et les Firmin Didot produisaient ces éditions classiques si belles à tous égards, et qui resteront à jamais parmi les chefs-d'œuvre comparables à ce que les presses françaises pourront produire de plus parfait.

C'est probablement parce que nos plus habiles graveurs de caractères ont senti qu'ils ne pouvaient plus se surpasser eux-mêmes, qu'on ne les a pas vus se présenter à l'exposition de 1839.

PORTHAUX (Gustave), à Paris, 16, rue du Cimetière Saint-André des Arts. — Gravure typographique. — M. Gustave Porthaux grave toujours pour MM. les fondeurs et suivant leurs besoins, toutes les espèces de caractères romains, italiques, et d'écritures françaises et étrangères. Ayant passé dix ans à travailler sous la direction de MM. Jules Didot aîné et Firmin Didot frères, il s'est, par conséquent, trouvé à même d'étudier et d'exécuter avec soin toutes les espèces de caractères, tels que : caractères romains, italiques, lettres de deux-points, anglaises, rondes, gothiques, caractères orientaux, tels que : grecs, cophtes, syriaques, arabes, etc., etc.

M. Gustave Porthaux peut, dès à présent, fournir à MM. les fondeurs les matrices de plus de cinquante lettres de deux-points de fantaisie, depuis le corps 6 jusqu'au corps 72, ainsi qu'une collection de grecs droits sur les corps 8, 9, 10, 11, 12 et 14, d'après les meilleurs modèles. Cette collection est sans contredit la plus belle qui ait paru jusqu'à ce jour.

M. Gustave Porthaux fera paraître successivement une collection de caractères romains et italiques, à laquelle il travaille depuis long-temps, puis plusieurs différens caractères orientaux, d'après les meilleurs manuscrits et gravés sous la direction des plus célèbres orientalistes qui veulent bien prêter leur concours à l'artiste distingué dont nous venons d'entretenir nos lecteurs.

AUBANEL (Laurent), à Avignon (Vaucluse). — Caractères typographiques. Nouveaux caractères d'affiches. — Ces lettres, fondues sur un nouveau système, réunissent consé-quemment une grande économie pour l'acheteur ; leur prix n'est pas plus élevé que celui des caractères fondus par les procédés suivis jusqu'ici par les meilleurs fondeurs de Paris et de Londres. Les nouvelles lettres de M. Aubanel, fondues à jour, sont constamment exemp-tes de soufflures et de retraits ; l'œil est supporté sur des cloisons isolées, c'est le dernier terme de l'économie de la matière. On s'est servi jusqu'ici pour les lettres d'affiches de grande dimension de lettres en bois ou de lettres polytypées, qui reviennent aussi cher, et dont l'emploi offre de nombreux inconvéniens. Le lavage abondant qu'il faut faire subir à toutes les grosses lettres d'affiches, toujours chargées d'encre, les voile, occasionne des gélivures sur celles en bois qui les altèrent et les détruisent souvent. Celles polytypées sont sujettes aux retraits et soufflures, et l'inconvénient de l'humidité sur le bois y est encore plus considérable par l'impossibilité d'absorber facilement celle introduite entre la lame métallique et le bois sur lequel elle est superposée. Ces lettres, plus que celles en bois, fi-nissent par se gauchir, se tourmenter et devenir d'un emploi très-difficile, si ce n'est im-possible. Enfin il faut observer qu'à prix égal les nouveaux caractères d'affiches de M. Aubanel, exempts de tous ces inconvéniens, sont bien plus économiques puisque leur valeur intrinsèque, lorsque quelque accident les met hors de service (car autrement leur durée n'aurait pas de terme), est de 50 pour 0/0 : M. Aubanel les reprenant à moitié prix.

Plusieurs fondeurs de Paris ont publié, avant M. Aubanel, des lettres d'affiches assez grandes ; les dimensions de celles de M. Aubanel, les dépassent de beaucoup, et nous savons qu'il doit en faire de beaucoup plus grandes encore. Les caractères de ce genre qu'ont publiés les autres fondeurs avant M. Aubanel, sont à ponts et partant plus pesans.

PRIX COURANT DES CARACTÈRES DE LA FONDERIE DE L. AUBANEL,

IMPRIMEUR-LIBRAIRE A AVIGNON.

CARACTÈRES ORDINAIRES, GRAS ET COMPACTES.

	fr.	c.
Nompareille. . . . . Le demi-kilo.	3	50
Mignonne	2	50
Petit-Texte.	2	10
Gaillarde.	1	90
Petit-Romain.	1	60
Philosophie.	1	40
Cicéro.	1	35
Saint-Augustin.	1	30
Gros-Texte.	1	20
Tous les Caractères au dessus, jusques et y compris Deux Points Gros-Canon. .	1	10

LETTRES DE DEUX POINTS ORDINAIRES ET GRASSES.

Le même prix que les corps dont elles portent le nom.

CARACTÈRES D'AFFICHES

Fondus à jour, depuis les petites de Fontes jusqu'aux Égyptiennes monstres, portant 34 Cicéros. . . . . 1 »
Capitales grasses s'alignant avec les bas de Casses ordinaires.

Sur Parisienne.	6	»
— Nompareille.	4	»
— Mignonne	5	»
— Petit-Texte. . . . . . - .	2	50

	fr.	c.
Sur Gaillarde . . . . le demi-kilo.	2	25
— Petit-Romain.	2	»
— Philosophie.	1	75
Deux Points Parisienne.	2	50

ÉGYPTIENNES.

| Nompareille. . . . . | 4 | » |
| Petit-Texte et Deux Points Parisienne . | 3 | » |

Les autres Deux Points, même prix que les Caractères dont ils portent le nom.

CAPITALES OMBRÉES, AZURÉES, etc.

Deux Points de Diamant.	4	50
— Parisienne. . . .	3	»
— Nompareille. . . .	3	»
— Mignonne.	3	»
— Petit-Texte. . . .	3	»
— Gaillarde.	2	50
— Petit-Romain. . . .	2	50
— Philosophie. . . .	2	50
— Cicéro.	2	50
— Saint-Augustin. . .	1	75
— Gros-Romain. . . .	1	50
— Parangon.	1	50
— Petit-Canon. . . .	1	30
Blanches posées sur azur.	3	»
Lettres ornées à sujets, la pièce. . . .	1	»

www.ingramcontent.com/pod-product-compliance
Lightning Source LLC
Chambersburg PA
CBHW050119210326
41519CB00015BA/4026